D1753161

DIETER BIERNATH

FORSTMASCHINEN
EXTREM

>Prototypen

>Spezialmaschinen

>Sonderanfertigungen

ForstFachverlag

Widmung und Danksagung

Diese Buch widme ich allen Forstmaschinenfreunden, die ihre Maschinen umbauen, abändern, verbessern und damit leistungsfähiger machen. Auch den Freunden, die neue Maschinen erfinden, bauen und somit neue und effektivere Arbeitsverfahren bei der Waldarbeit ermöglichen, sage ich hier meinen Dank. Ohne sie wäre dieses Buch nicht möglich gewesen.

Dieter Biernath

Trotz einiger Niederlagen und Rückschläge hat die Mechanisierung der Forstwirtschaft zu einer Humanisierung der Arbeitswelt beigetragen. Die Fieberkurve der technischen Entwicklung bei Harvestern und Forwardern zeigt immer noch nach oben (siehe dazu auch Seite 8).

Biernath, Dieter:
FORSTMASCHINEN EXTREM
Prototypen • Spezialmaschinen • Sonderanfertigungen

1. Auflage – Scheeßel
Forstfachverlag 2012
ISBN 978-3-9805121-2-1

© 2012 Forstfachverlag GmbH & Co. KG, Moorhofweg 11, 27383 Scheeßel
Telefon: +49 (0) 4263 9395-0, Fax: -21, E-Mail: info@forstfachverlag.de
www.forstfachverlag.de

Umschlaggestaltung: Vision C, 32689 Varenholz
Druck- und Bindearbeiten: Druckerei Rosebrock GmbH, 27367 Sottrum
Printed in Germany

Alle Rechte, insbesondere das Recht der Vervielfältigung und Verbreitung sowie der Übersetzung, vorbehalten. Kein Teil des Werkes darf in irgendeiner Form (durch Fotokopie, Mikrofilm oder ein anderes Verfahren) ohne schriftliche Genehmigung des Verlages reproduziert oder unter Verwendung elektronischer Systeme gespeichert, verarbeitet, vervielfältigt oder verbreitet werden.

Der Forstfachverlag wendet in seinen Büchern und Zeitschriften
die Regeln der traditionellen deutschen Rechtschreibung an,
wie sie bis zum 1. August 1999 gültig waren.

Dieter Biernath ist Chefredakteur der Fachzeitschriften **Forstmaschinen-Profi, energie aus pflanzen** und **HOLZmachen**. 20 Jahre war Biernath, ein gelernter Kfz-Mechaniker, als Forstunternehmer selbständig, danach Tätigkeit als Redakteur bei einer Forstzeitschrift. 1993 erfolgte die Gründung eines eigenen Verlages mit dem Start der Fachzeitschrift **Forstmaschinen-Profi**.

Vorwort

Etwas über 20 Jahre meines Lebens habe ich damit zugebracht, kreuz und quer durch Europa zu fahren und Forstmaschinen im Einsatz zu fotografieren. Von Südfrankreich bis in die Ost-Slowakei, von Nordkarelien bis in das Trentino führten mich meine Wege. Ich habe die dabei abgespulten Kilometer mit dem Pkw, dem Flugzeug und dem Motorrad ebensowenig gezählt wie die zahlreichen Hotels, Pensionen und Privatquartiere, in denen ich während dieser Reisen übernachtete. Ich hatte das große Glück, überall dort arbeiten zu dürfen, wo andere Leute Urlaub machen: im Schwarzwald, im Sauerland, in den Alpen, in Lappland, in Kärnten, in Südtirol, in der Pußta, in der Schweiz, in den Ardennen ... Überall dort sah ich Forstmaschinen im Einsatz, die später als Profimaschinen ihren Weg machten; es konnten aber auch Forstmaschinen im Probeeinsatz beobachtet werden, die über den Status des Prototypen nie hinausgekommen sind. Fast alle großen Forstmaschinenkonstrukteure durfte ich kennenlernen; einige wurden übrigens zu guten Freunden.

Über die Jahre kam so eine gewaltige Datensammlung zusammen. Es wäre schade, wenn diese Zeitdokumente für immer im Archiv verschwinden würden. So entstand die Idee, aus den jahrelang gesammelten Artikeln und Fotos ein Buch über herausragende Forstmaschinen zu machen. Mit **Forstmaschinen extrem** möchte ich diesen interessanten Maschinen, bei denen es sich zum Teil um Einzelstücke und Sonderanfertigungen handelt, ein bleibendes Denkmal setzen. Sicher, die meisten Maschinen wurden schon in der Zeitschrift **Forstmaschinen-Profi** vorgestellt. Aber die gewaltige Menge an Maschinen, die in diesem Buch versammelt ist, hat es in dieser Zusammenstellung noch nie gegeben. Das wird wohl auch erst einmal so bleiben! Aber meine Datensammlung enthält noch weitere Schmuckstücke, die bestimmt auch irgendwann mal den Weg an die Öffentlichkeit finden. Mal sehen ...

Neue Forstmaschinen bedingen auch meistens neue Arbeitsverfahren. Während die Standardverfahren immer weiter ausgebaut und verfeinert wurden, betraten die Pioniere der Forstbranche mit ihren neuen Maschinen und den dazugehörigen Arbeitsverfahren immer wieder Neuland. Sehr viele Arbeitsverfahren stellten wir in der Zeitschrift **Forstmaschinen-Profi** vor; davon zählen einige mittlerweile zu den Standardverfahren. Auch in diesem Buch geht es in einigen Kapiteln nicht so sehr um die vorgestellten Maschinen, sondern um die Verfahren, die meistens von weitblickenden Forstunternehmern entwickelt wurden. Ich meine, hier kann der Praktiker immer wieder hinschauen und sich Anregungen holen. Darum meine Bitte an Sie, liebe Leser: Schauen Sie genau hin und entdecken Sie alle Details, lesen Sie auch mal zwischen den Zeilen. Es lohnt sich!

Scheeßel, im November 2012   Dieter Biernath

Inhaltsverzeichnis

1. FORSTMASCHINEN EXTREM

Prototypen • Spezialmaschinen • Sonderanfertigungen

Schweden: Der ferngesteuerte Harvester	10
Deutschland: Der Tasmanische Teufel	14
Deutschland: Das System ValmeTrailer	18
Schweden: Der Abab-Carrier	21
Deutschland: Mit Köpfchen	22
Schweiz: Holzernte auf dem Wasser	25
Dänemark: Dänisches Biomasse-Pressing	26
Deutschland: Hier kann man sich entfalten	32
Schweden: Die Kraft der zwei Seilwinden	35
Finnland: Biomassegewinnung durch Stockrodung	36
Frankreich: Die Kastanien-Mähmaschine	40
Schweden: Europas größtes Naßlager	44
Deutschland: Entdecke die Möglichkeiten	50
Österreich: Universeller Rückekraneinsatz	52
Slowakei/Österreich: Ein „lebender" Tragseilanker	54
Belgien: Nur noch eine Maschine	58
Schweden: Hier macht sich einer breit	62
Deutschland: Dieser Skidder ist einmalig	65
Deutschland: Am langen Arm	66
Schweden: Ferngesteuerter Hacker	68

2. HOLZ IN DER KLEMMBANK UND IM GRAPPLE

Holz in der Klemmbank und im Grapple

Belgien: 25 Festmeter in der Klemmbank	70
Deutschland: Kurzholz in der Klemmbank	78
Belgien: So wird mit dem Grapple gerückt	80
Belgien: Der stärkste Skidder der Welt	84

3. AUF LEISEN SOHLEN

Zwillingsbereifung • Bänder • Raupenlaufwerke

Belgien: Auf 16 Reifen über das Venn	88
Belgien: Schlammschlacht im Venn	96
Deutschland: Nur schwimmen kann er noch nicht	106
Deutschland: Karlsson auf dem Lehmboden	112
Deutschland: Die Rottne-Hinterachslenkung	114
Deutschland: Gremo 1050F mit Streetrubbers	116
Deutschland: 940er Reifen im Achterpack	118
Finnland: Für die ganz nassen Ecken	120
Deutschland: Die Raupe ohne Namen	122
Schweiz: Raupen-Multifunktionsfahrzeug	124
Deutschland: Auf Panzerketten in der Heide	125

Inhaltsverzeichnis

4. STARKHOLZERNTE

Starkholzernte mit Maschinen

Deutschland: Holz am ausgestreckten Arm	126
Schweden: Königstiger im Schwedensturm	130
Deutschland: Dicke Dinger mit dem Harvester	132

5. SEILARBEIT IN ALLEN VARIATIONEN

Bergauf und bergab

Italien: Der größte mobile Seilkran	138
Deutschland: Eine neue Almwiese	142
Deutschland: Der Schweizer Herzog am Seil	146
Deutschland: Das ist schonende Forstwirtschaft	148

FORSTMASCHINEN EXTREM

Fotoverzeichnis und Haftungshinweis

Text und Fotos (241): Dieter Biernath

Satz, Layout und Produktion: Forstfachverlag GmbH & Co. KG

Weitere Fotos:

S. 8: Werkfoto John Deere; S. 35: Werkfotos (3) Råab Bärgnings AB; S. 87 oben: Werkfoto Tigercat; S. 110 unten rechts: Grafik EMB Baumaschinen; S. 117 oben rechts: Werkfoto Engl; S. 118 und 119: Fotos (3) Jan Biernath; S. 121 oben rechts: Grafik Pro Silva; S. 151 oben links und unten links: Werkfotos Susenburger.

Wichtiger Hinweis:

Alle Angaben in diesem Werk erfolgten nach bestem Wissen und Gewissen. Für die Richtigkeit der Informationen und Daten kann keine Gewähr oder Haftung übernommen werden.

Die Forsttechnik ist schon lange im 21. Jahrhundert angekommen

Schon im Jahre 1995 stellte der kanadische Forstmaschinenhersteller Timberjack mit seiner finnischen Ideenschmiede Plustech auf der Düsseldorfer Messe Envitec den Prototypen einer gehenden Forstmaschine vor. Damals war das eine kleine Sensation. Ich hatte beim Anblick dieses gehenden Harvesters ein kleines bißchen das Gefühl, der Vorhang der Geschichte rauscht gerade vorbei. Doch was ist von dieser damals wirklich sensationellen Neuentwicklung geblieben? Heute gibt es das Unternehmen Timberjack schon lange nicht mehr; die gehende Maschine steht blankgeputzt in einem finnischen Forstmuseum. Nach Jahren der intensiven Weiterentwicklung der Gehmaschine hat sich herausgestellt, daß andere Lösungen in der Forstwirtschaft gefragt sind. Wobei die Lösung mit dem gehenden Harvester für sich allein genommen eigentlich genial war. Der Erfinder der Gehmaschine, der finnische Ingenieur Erkki Kare, hatte mit der Gehmaschine zwar eine weltweit beachtete Neuheit vorgestellt, aber eine Forstmaschine muß immer im Rahmen der gesamten Erntekette gesehen werden. Zum gehenden Harvester gab es den gehenden Forwarder (Rückezug) nicht; die Entwicklung wurde nicht vorangetrieben. Ein gehender Forwarder wäre für den Holztransport zu langsam gewesen und hätte somit die Holzernte gewaltig verteuert. Das Holz, das von der Gehmaschine im unwegsamen Gelände geerntet würde, müßte dann wieder mühselig per Seil oder gar per Helikopter herausgerückt werden. Es ist unbestritten, daß mit der Einführung des Harvesters (Vollernters) in der Forstwirtschaft eine Humanisierung der Arbeitswelt stattgefunden hat. Die platte Parole einiger Ewiggestriger, daß der Harvester Arbeitsplätze vernichtet, stimmt so nicht. Sicher, die „Holzfäller" von damals sind durch den Harvester ersetzt worden; aber gerade im Bereich der Massensortimente erreichte kaum ein Holzfäller das Rentenalter. Viele gingen vorher regelrecht „kaputt", bezogen oftmals schon ab dem Alter 50 eine Invalidenrente, weil die

Die Gehmaschine gibt es schon seit 1995; heute steht sie blankgeputzt in einem finnischen Forstmuseum.

Knochen einfach nicht mehr mitmachten. Die Waldarbeit, gerade in dem Bereich, den heute der Harvester abdeckt, ist schwer und trägt nicht gerade zum Wohlbefinden der Akteure bei. Beim näheren Hinsehen stellt man schnell fest, daß aber gerade im Bereich der hochmechanisierten Holzernte neue und vor allen Dingen auch hochqualifizierte Arbeitsplätze entstanden sind. Dabei handelt es sich übrigens nicht nur um Arbeitsplätze am Steuerknüppel der Maschinen, sondern auch das „Umfeld" profitiert von der technischen Entwicklung der Forstmaschinen. Teile-Hersteller, Betriebsstoffe-Hersteller und Zulieferer, Ausbilder, Logistiker und viele mehr. Zu einer erfolgreichen Forstarbeit gehört die exakte Planung des Einschlagvorhabens. Angefangen bei der Auszeichnung des Bestandes, der Auswahl und Bereitstellung der Polterplätze bis hin zum terminlich genau abgestimmten Einsatz der Abfuhr-Lkw. Hier hat die Forstbranche frühzeitig erkannt, daß nur der Blick auf die gesamte Kette zum Erfolg führen kann. Der eingesetzte Harvester muß zum Bestand (Holzart, Stärke der Bäume, Boden- und Geländebeschaffenheit) passen, der nachfolgende Rückezug muß passend zum Bestand, zu den eingeschlagenen Sortimenten, zu der Länge der Rückewege und der Bodenbeschaffenheit gewählt werden. Schließlich müssen die Abfuhr-Lkw ebenfalls der Situation vor Ort angepaßt werden (Direktverladung, Beladung mit Lkw-eigenem Kran oder gar Verlademaschine). Hier gibt es unzählige Kombinationsmöglichkeiten. Für ganz spezielle Einsätze sind dann immer wieder diverse Sondermaschinen, Umbauten für Spezialaufträge und Prototypen entwickelt worden, über die in diesem Buch berichtet wird. Es handelt sich dabei manchmal um wirklich extreme Maschinen, die es vielleicht nur einmal gibt. Aber auch die zu den Maschinen passend entwickelten Arbeitsverfahren werden in diesem Buch vorgestellt. Die rasanten Entwicklungen im Bereich der

Links: Abrüstung heißt die Parole. Neue Verfahren und Methoden erfordern neue Techniken. Hier das Abab-Energieholzaggregat. Ein einfacher Fällkopf zur Energieholzernte. Im Vergleich zu einem hochmodernen Harvesteraggregat ist das hier zwar einfachste Technik – aber gerade diese Technik ermöglicht den wirtschaftlichen Einsatz im Schwachholz. Ein hochmodernes Aggregat mit einer Wertoptimierung, Farbcodierung und einer RIF-Transponder-Befestigungsvorrichtung hätte in diesen Beständen keine Chance.

Rechts: Der Timbear, eine leichte Kombimaschine für den Einsatz auf empfindlichen Böden. Die Maschine kann in 15 Minuten zum Harvester umgerüstet werden, beim Einsatz als Rückezug wird das Holz auf zwei Lastteile und das Gesamtgewicht der Maschine auf sechs Raupenbänder verteilt.

Forsttechnik spielten sich in den letzten 30 Jahren um den Harvester herum ab; die hochmechanisierte Holzernte begann mit den sogenannten Anbauprozessoren; erst in der Dreipunkthydraulik der Ackerschlepper, dann auf gebrauchten Rückezügen montiert. Die Entwicklung ging eigentlich rasend schnell voran. Die logische und konsequente Weiterentwicklung eines Prozessors auf dem Rückezug war der Zweigriff-Harvester. Mit dem am Kran befestigten Fällkopf wurde der Baum gefällt und danach dem Aufarbeitungsaggregat der Maschine zugeführt, entastet und abgelängt. Der nächste Schritt war nur ein ganz kurzer Schritt und führte zum Eingriff-Harvester, so wie wir ihn heute noch kennen. Parallel zu den Harvester-Trägermaschinen verlief die Entwicklung der „Prozessoren", der Aufarbeitungsaggregate, auch Harvesterköpfe genannt. „Primitive" Schubentaster wurden nach und nach von moderneren Aggregaten beziehungsweise Köpfen verdrängt. Bei diesen Köpfen geschah der Durchzug des Baumes durch die Entastungsmesser per Rad/Rolle (Walzen) oder per Raupe. Heute sind beide Vorschubarten gebräuchlich, wobei die Anwender aber unter unzähligen Varianten wählen können. Drei bis sechs Entastungsmesser in unterschiedlichen Anordnungen sowie bis zu fünf Antriebsrollen weisen die Aggregate auf. Die Entwicklung geht ständig weiter. Schon vor zehn oder mehr Jahren brachte ein Hersteller ein „mitdenkendes" Aggregat auf den Markt. Mit Hilfe des Aggregates fand eine Wertoptimierung des Bestandes statt. Nach zirka zehn aufgearbeiteten Bäumen eines halbwegs homogenen Bestandes konnte der Bordcomputer der Maschine eine Voraussage treffen, welche Sortimente aus dem Bestand gewonnen werden können. In anderen Branchen, die zum Beispiel eine bessere Öffentlichkeitsarbeit betreiben, wäre der Erfinder dieses Verfahrens mit Ehrungen und Preisen überhäuft worden; in der Forstbranche hat man diese Erfindung als selbstverständlich hingenommen. Ein Harvesterkopf ist heute ein hochkompliziertes Stück Technik und kostet mittlerweile auch einige Euronen. Aber durch die Computertechnik kann er – fast – alles. Mittlerweile ist die Computertechnik aus den Forstmaschinen nicht mehr wegzudenken. Sei es die Auftragsvorbereitung, die Abarbeitung des Auftrages und auch die Nachbereitung, die immer präziser werdende Vermessung des Holzes, die Farbmarkierung, das Einschlagen von RIF-Transpondern, die Übermittlung der Leistungsdaten direkt vom Einschlagort ins Werk, die genaue Befahrung des Bestandes mit Hilfe von GPS und so weiter und so fort. Doch wo geht die Entwicklung hin? Nun, zur Zeit werden große Anstrengungen unternommen, die Maschinen leichtfüßiger zu machen. Zehnradmaschinen, extreme Breitreifen und Raupenlaufwerke sollen die Holzernte auch auf befahrungsempfindlichen Böden ermöglichen. Bei den Aggregaten hat eine „Abrüstung" stattgefunden; die große Nachfrage nach Biomasse erfordert den Einsatz von speziellen Fäll- und Sammelaggregaten. Kombimaschinen, die aufarbeiten und rücken können, ersparen einen kraftstoffintensiven zweiten Maschinentransport zum Einschlagort. Durch die Verwendung von leichten, aber zähen Stählen und auch Aluminium steigt die Nutzlast der Maschinen im Verhältnis zum Leergewicht. Computer werden vermutlich bald teilweise den Rückekran steuern, denn der Weg zur Rauhbeuge wird dem Kran schon vom Fahrer vorgegeben. Den Rückweg sollte ein intelligenter Kran bald selbständig finden. Auch könnten „intelligente" Rungen, die sich automatisch heben und senken, die Be- und Entladezyklen verkürzen. Ein weiteres großes Thema ist der Kraftstoffverbrauch, hier wird sich garantiert bald etwas Gewaltiges tun. Das ist dann aber ein Thema für ein weiteres Buch. Vielleicht mit dem Titel: Forstmaschinen intelligent?

DIETER BIERNATH

Der ferngesteuerte Harvester

Der schwedische Forstmulti Södra hat sich im Jahre 2009 von Gremo das Holzerntesystem Besten & Kuriren gekauft und wird mit diesem System in den von Södra betreuten Wäldern den Holzeinschlag durchführen. Über einen Zeitraum von zwei Jahren wird dieses Holzeinschlagsystem im Forstwirtschaftsbereich Snapphanebygden getestet. „Dies ist ein wichtiger Schritt voran für eine effektivere Einschlagtechnik und damit verbunden auch eine höhere Produktivität in der Forstwirtschaft", sagt Urban Eriksson, Chef von Södra Skog. Södra benötigt neue Holzeinschlagsysteme mit besserer Wirtschaftlichkeit, schonenderer Holzaufbereitung und einer besseren Umwelt- und Arbeitsmilieu-Verträglichkeit als mit dem heutigen „Zwei-Maschinen-System" möglich ist, also mit Harvester und Forwarder. Studien des Forschungsinstituts Skogforsk haben gezeigt, daß das System Besten & Kuriren ein funktionierender Prototyp mit Potential ist. Das System bietet im Vergleich zur heutigen Technik niedrigeren Kraftstoffverbrauch und unter gewissen Voraussetzungen niedrigere Einschlagkosten. Holzwerttests weisen auf eine gute Holzaufbereitung hin, und die Aufarbeitung von Sturmholz nach Gudrun funktionierte ebenfalls gut. „Besten sieht vielversprechend aus, und jetzt wollen wir das System in praktischer Produktion testen", sagt Södras Forsttechnikchef Sten Frohm.

Zwei Fahrer – drei Maschinen

Bei dem Gremo Besten 106 RH handelt es sich um einen ferngesteuerten Harvester ohne Kabine. Die Konstruktion besteht lediglich aus einem Chassis mit sechs Rädern und einem Kran mit Harvesterkopf, mehr nicht, jedenfalls rein äußerlich. Das Chassis ist aus bis zu 40 mm dickem Stahl, darin eingebettet befindet sich der Motor,

Links: Der Fahrer des Rückezuges schwenkt seinen Kran beiseite und arbeitet danach per Funk mit dem Kran des kabinenlosen Harvesters das Holz auf. Das Holz schneidet er sich direkt in die Rungen seines Rückezuges.

Unten: Der kabinenlose Harvester wird über Funk gesteuert und bewegt sich auf sechs einzeln aufgehängten Rädern, über die jeweils ein Bogieband gezogen wurde.

ein turboaufgeladener Intercooler von John Deere mit 6,8 l Hubraum und 247 PS. Für den Antrieb sorgt ein Rexroth-Hydrostat. Die Bestie bewegt sich auf sechs Rädern, an jeder Seite drei in der Größe 600-26.5. Die einzelnen, an Pendelarmen befestigten Räder, können hydraulisch gehoben oder gesenkt werden. Im Betrieb wird die Maschine automatisch nivelliert, dennoch kann jedes Rad einzeln manuell angesteuert werden. Außerdem wurde über die links- und rechtsseitigen Räder jeweils ein Bogieband vom Olofsfors (Eco-trac) gezogen. Über jeweiliges Abbremsen einer Seite wird das flache, 21 Tonnen schwere Ungetüm wie ein Kettenfahrzeug gelenkt. Auf dem Vorderteil sitzt der Kran vom Typ Gremo 10A, mit einer Reichweite von 10,0 m und einer Hubkraft von 450 kNm. Der Kran zeichnet sich durch einen kräftigen Drehkranz aus, der durch zwei Hydraulikmotoren bewegt wird. Die Schwenkkraft des Krans beträgt 40 kNm.

Gesteuert wird der Harvester aus dem Rückezug heraus

Gesteuert wird die Bestie vom Rückezug aus. Der Fahrer bringt seinen Forwarder in Position, schwenkt den Forwarderkran zur Seite und legt danach einen Hebel um, kann dann mit der Kransteuerung des Forwarders den Harvesterkran fahren. Beide Kräne gleichzeitig geht also nicht. Sonst ist die Tastatur im Rückezug die gleiche wie in einem Harvester. Der Fahrer schneidet sich das Holz direkt in den Rungenkorb seines Rückezuges. Dazu schwenkt er das Lastteil des Rückezuges um 90 Grad, bringt die hydraulischen, um 30 Grad zu verstellenden Rungen in Position und beginnt mit dem Holzeinschlag. Der Hinterwagen des Forwarders ist übrigens nicht nur um 360 Grad dreh-, sondern auch kippbar, und zwar um plus/minus 10 Grad. Damit ist gewährleistet, daß der Rungenkorb immer in die günstigste Position zum Harvesterkran ausgerichtet werden kann. Der Fahrer sitzt dabei in einer sehr angenehmen Arbeitsumgebung, er spürt keine Erschütterungen, nichts, denn die „Arbeit" findet auf der Maschine „nebenan" statt. Dieses System ist aber fast nur für die Endnutzung geeignet. Zwei Forwarderfahrer bedienen sich im Wechsel am Besten, während sich der eine den Rungenkorb vollschneidet, bringt der andere seine Last an den Lkw-fähigen Weg. So bewegen in der Tat zwei Fahrer drei Maschinen. Stimmen dann noch die Holzstärke und die Rückeentfernung, kann dieses System erfolgreich eingesetzt werden. Durch den Einsatz des Gremo Besten 106 RH im praktischen Betrieb will Södra herausfinden, wie das Erntesystem bei unterschiedlichen Voraussetzungen im Vergleich mit einem Zwei-Maschinen-System funktioniert. Man will unter anderem wissen, wie Leistung, Kraftstoffverbrauch, Holzaufbereitung, praktische Anwendbarkeit und Ergonomie funktionieren im Verhältnis zur Stärke des Baumbestandes, der Beschaffenheit des Geländes und der Größe des Objektes. Außerdem werden verschiedene Arbeitsmethoden im Produktionsbetrieb getestet.

Auf einen Blick

DAS SYSTEM BESTEN + KURIREN
3 Maschinen – 2 Fahrer

1. Das System ist für zwei Rückezüge (Kuriere) gedacht, die im Wechsel mit dem Harvester (Bestie) zusammenarbeiten. Während der erste Rückezug seine Last an den Lkw-fähigen Weg bringt und poltert, schneidet sich der zweite Fahrer den Rungenkorb seiner Maschine voll.

2. Ein Wechsel erfolgt, sobald der erste Rückezug leer vom Polterplatz zurück und wieder am Harvester ist. Wobei keine Rücksicht darauf genommen werden sollte, wie voll der Rungenkorb des zweiten Rückezuges ist.

3. Der Harvester wird von den Rückezügen aus bedient; die Vermessungssysteme, Computer, Bildschirme und Tastaturen, befinden sich in den Rückezügen. Die Kommunikation mit dem Harvester erfolgt jeweils über ein spezielles neues, leistungsfähiges Funksystem.

4. Die Rückezüge sind mit um 30 Grad nach außen zu klappenden Rungen und einem tiltbaren Rungenkorb, der um 360 Grad drehbar ist, ausgerüstet. Die Fahrer plazieren ihren Rückezug neben dem ferngesteuerten Harvester und schneiden sich das Holz direkt auf den Rungenkorb.

Der Öffentlichkeit vorgestellt wurde die Erfindung Besten & Kuriren im Jahre 2004. Die Zeitschrift *Forstmaschinen-Profi* war die einzige mitteleuropäische Zeitschrift, der das neue Holzerntesystem von den beiden Erfindern gezeigt wurde. Nachfolgend der Originalbeitrag aus der Ausgabe Februar 2004:

„Der klassische schwedische Erfindergeist ist doch noch nicht tot. Lange war es verdächtig still um ihn. Im Stammland der hochmechanisierten Holzernte gab es bis auf Verbesserungen und Ergänzungen im Harvester- und Forwarderbereich kaum Neuigkeiten. Jetzt hat er sich – endlich – laut und vernehmbar wieder zu Wort gemeldet. In der Nähe von Vislanda/ Schweden, Südsmåland, wird seit einem Jahr ein revolutionäres Holzerntesystem erprobt. Väter dieser Weltneuheit sind die beiden Unternehmer Christer Lennartsson (53) und Jan Carlsson (64) aus Vislanda. Sie sind im Forstmaschinengewerbe gut bekannt. So haben beide zum Beispiel auch den Fiberpack erfunden, einen Restholzbündler, der heute bei Timberjack im Programm ist. Die neue Erfindung ist das System „Besten & Kuriren", was wörtlich übersetzt die Bestie und ihre Kuriere heißt. Zwei Rückezugfahrer bedienen bei diesem System neben ihrem jeweiligen Rückezug im Wechsel noch einen Harvester, der ohne Kabine und sonstigen Schnickschnack daherkommt. Also nur zwei Fahrer, aber drei Maschinen, wobei alle drei Maschinen eigentlich immer im Einsatz sind. Geht das überhaupt? Bei der „Bestie" handelt es sich um einen ferngesteuerten Harvester ohne Kabine. Die Konstruktion besteht lediglich aus einem Chassis mit sechs Rädern und einem Kran mit Harvesterkopf, mehr nicht, jedenfalls rein äußerlich. Das Chassis ist aus bis zu 40 mm dickem Stahl, darin eingebettet befindet sich der Motor. Ein turboaufgeladener Intercooler von John Deere mit 6,8 l Hubraum und 225 PS. Für den Antrieb sorgt ein Rexroth-Hydrostat, die weitere Hydraulik wird künftig ebenfalls von Rexroth sein. Die Bestie bewegt sich auf sechs Rädern, an jeder Seite drei in der Größe 600-26.5. Die einzelnen, an Pendelarmen befestigten Räder können hydraulisch gehoben oder gesenkt werden. Im Betrieb wird die Maschine automatisch nivelliert, dennoch kann jedes Rad einzeln manuell angesteuert werden. Außerdem wurde über die links- und rechtsseitigen Räder jeweils ein Bogieband vom Olofsfors (Ecotrac) gezogen. Über jeweiliges Abbremsen einer Seite wird das flache, 18 Tonnen schwere Ungetüm wie ein Kettenfahrzeug gelenkt. Auf dem Vorderteil sitzt der Kran vom Typ Mowi EGS A7, mit einer Reichweite von 8,5 m und einer Hubkraft von 20 mto. Der Kran zeichnet sich durch einen kräftigen Drehkranz aus, der durch zwei Hydraulikmotoren bewegt wird. Die Schwenkkraft des Krans beträgt 4,5 mto. An der Kranspitze hängt ein Aggregat vom Typ Votec 850 mit einem Fälldurchmesser von 85 cm und einem Entastungsdurchmesser von 60 cm. Der Ölvorrat in der Maschine beträgt 400 Liter, an Kraftstoff sind 600 Liter an Bord. Gesteuert wird die Bestie vom Rückezug aus. Christer Lennartsson fährt einen speziell für diesen Einsatz umgebauten Rottne Rapid SMV. Sämtliche Harvesterfunktionen werden aus den Rückezugkabinen gesteuert. Dort befinden sich auch die Bordcomputer des Harvesters, jeweils ein Dasa 4. Der Fahrer bringt seinen Forwarder in Position, schwenkt den Forwarderkran zur Seite und legt danach einen Hebel um, kann dann mit der Kransteuerung des Forwarders den Harvesterkran fahren. Beide Kräne gleichzeitig geht also nicht. Sonst ist die Tastatur im Rückezug die gleiche wie in einem Harvester. Der Fahrer schneidet sich das Holz direkt in den Rungenkorb. Dazu schwenkt er das Lastteil des Rückezuges um 90 Grad, bringt die hydraulischen, um 30 Grad zu verstellenden Rungen in Position und beginnt mit dem Holzeinschlag. Der Hinterwagen des Forwarders ist übrigens nicht nur um 360 Grad dreh-, sondern auch kippbar, und zwar um plus/minus 10 Grad. Damit ist gewährleistet, daß der Rungenkorb immer in die günstigste Position zum Harvesterkran ausgerichtet werden kann. Es ist gespenstisch, in der Forwarderkabine mitzuerleben, wie der Harvester einen Baum fällt und entastet – nur der Fahrer des Harvesters spürt keine Arbeitsbewegungen, nichts, der Motor des Forwarders läuft im Leerlauf, es ist völlig ruhig. Ein angenehmer Arbeitsplatz. Nur die ersten dicken Sägeabschnitte, die auf den Rungenkorb fallen, lassen die Maschine etwas erzittern. Nachdem der Wagen vollgeladen ist, fährt der Fahrer zum Polterplatz. Muß er dabei durch enge Gassen oder Wege, klappt er die Rungen in die senkrechte Position. Gedacht ist das System für zwei Forwarder, die sich abwechselnd an der Bestie bedienen. Dann müssen beide Fahrer natürlich nicht nur ihren Rückezug, sondern auch den Harvester gleich gut beherrschen. Nachdem der erste Forwarder zum Polterplatz fährt, schneidet sich der zweite Fahrer seinen Rungenkorb voll. Gewechselt wird immer dann, sobald der eine Forwarder wieder vom Polterplatz zurück am Harvester ist. So bewegen zwei Fahrer tatsächlich drei Maschinen. Eine ausgefeilte Arbeitsvorbereitung und Logistik senken hierbei die Kosten. Die Verbindung zwischen Forwarder und Harvester wird durch Funk hergestellt. Über das Funksystem wollen beide Erfinder noch nichts sagen, es ist ebenfalls eine absolute Neuheit, da viele Funktionen gleichzeitig angesteuert werden können. Dieses System eignet sich natürlich hervorragend für die skandinavische Kahlschlagwirtschaft. Ungeeignet erscheint es für deutsche Verhältnisse. Aber trotzdem hat mit diesem System eine neue Ära im Bereich der Holzerntetechnik begonnen. Jan Carlsson und Christer Lennartsson haben sehr eindrucksvoll bewiesen, daß der klassische schwedische Erfindergeist noch lange nicht tot ist.

Der Harvester wird per einfachen Tieflader (Foto links unten) hinter dem Rückezug auf der Straße umgesetzt. Dazu fährt der Harvester über die beiden Tragholme des Tiefladers, hebt die Räder und senkt dadurch das Chassis auf die Holme. Dann wird das Chassis per Kette an den Holmen befestigt, die Räder gesenkt, somit das Chassis also gehoben, bis das Auge des Tiefladers in das Zugmaul des Forwarders paßt. Dann anhängen und die Räder des Harvesters wieder anheben – und ab geht die Post. So einfach ist das. Eine preiswerte, aber effektive Lösung – allerdings nur für den Transport auf schwach frequentierten schwedischen Straßen ..."

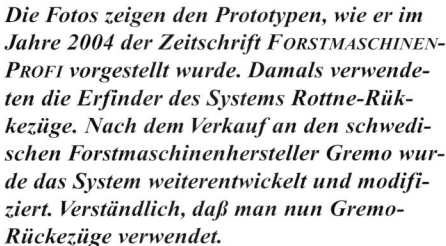

Die Fotos zeigen den Prototypen, wie er im Jahre 2004 der Zeitschrift FORSTMASCHINEN-PROFI vorgestellt wurde. Damals verwendeten die Erfinder des Systems Rottne-Rückezüge. Nach dem Verkauf an den schwedischen Forstmaschinenhersteller Gremo wurde das System weiterentwickelt und modifiziert. Verständlich, daß man nun Gremo-Rückezüge verwendet.

Im Jahre 2005 setzten die Erfinder das System Besten & Kuriren erfolgreich in der Windwurfaufarbeitung ein. Auch darüber berichtete die Zeitschrift FORSTMASCHINEN-PROFI.

Frank Strie an der Schneidgarnitur des Tassie Devil. Der Greifer hat eine Öffnungsweite von drei Metern.
Rechts oben: Auf der Windwurffläche kann das Gerät effektiv eingesetzt werden.

Der Tasmanische Teufel

Um beim Aufräumen in den süddeutschen Windwurfgebieten im Jahr 2000 zu helfen, hatte sich Forstwirtschaftsmeister Frank Strie auf einen weiten Weg gemacht, denn eigentlich lebt er in Tasmanien und ist dort seit 1987 als Forstberater und unabhängiger Sachverständiger tätig und betreibt die Firma Schwabenforest Pty Ltd. Schon 1990, nach den Stürmen Vivien und Wiebke, war er in Deutschland und stellte ein interessantes Gerät vor, das er auch diesmal wieder mitgebracht hatte: den Tassie Devil, den Tasmanischen Teufel, ein damals höchst effektives Gerät aus Tasmanien. Dort wurde es allerdings bei der Rodung des Urwalds eingesetzt, was man ja eigentlich gar nicht schreiben darf, denn das ist forstpolitisch nicht korrekt. Aber da das Gerät in Tasmanien auch auf Eukalyptus-Plantagen eingesetzt wird, und das mit großem Erfolg, dürfen wir darüber wohl ein paar Sätze schreiben. Bei dem Tassie Devil handelt es sich eigentlich nur um einen überdimensionierten Holzgreifer, mit dem man aber die verschiedensten Tätigkeiten ausführen kann. In Tasmanien werden damit Eukalyptusbäume umgedrückt, abgestockt, gepoltert und auch entrindet. Denn die Eukalyptusrinde hat die unangenehme Eigenschaft, schon einige Stunden nach dem Fällen so dermaßen am Stamm festzutrocknen, daß das Entrinden nur unter großen Anstrengungen geschehen kann. Ist der Eukalyptus allerdings frisch gefällt, läßt sich die Rinde mit ein paar Scheuerbewegungen des Tassie Devil problemlos entfernen. Wer sich so einen Vorgang einmal auf Video angeschaut hat, wird zuerst wohl sagen: „Mein Gott, wie primitiv!" Aber nach einigen wenigen Minuten hat der geübte Fahrer mit dem Greifer mehrere Stämme entrindet. Auch zur Verladung der abgelängten und entrindeten Eukalyptusstämme auf Transport-Lkw wird der Tassie Devil in Tasmanien und auch in Australien eingesetzt. Und er ist auch zur Flächenräumung bestens geeignet. Verständlich, daß Frank Strie ihn darum damals auch gerne in den Windwurfgebieten einsetzen würde. Für den ersten Einsatz hatte er daher für schlappe 9.500 Mark Luftfracht einen funkelnagelneuen Tassie Devil nach Deutschland gekarrt. Eingesetzt wurde das Gerät damals probeweise vom Forstunternehmer Hubert Hagenauer von der Firma Hagenauer und Seestaller GbR aus Waltenhofen im Allgäu. Im Revier Kälberbronn des Forstamtes Pfalzgrafenweiler hatte Hagenauer den Tassie Devil an seinen Liebherr-Kettenbagger montiert und konnte mit Erfolg schon einige Schadflächen aufarbeiten.

Nur nicht flächig befahren ...

Allerdings untersagte ihm die Forstverwaltung den weiteren Einsatz dieser Maschine, denn um weiterhin erfolgreich tätig zu sein, müßte er ja flächig befahren, und das darf man in Baden-Württemberg nun mal nicht. Er durfte nur noch auf Gassen im 40-Meter-Abstand fahren. So war natürlich ein effektiver Einsatz dieses Gerätes nicht möglich. Strie war darum etwas sauer auf die Landesforstverwaltung und deren ausführende Organe. Für ihn stand an erster Stelle die Sicherheit bei der Arbeit im Windwurf, und dafür war der Tassie Devil besonders gut geeignet. Der geworfene und unter Spannung liegende Baum konnte sicher gehalten und mit dem angebauten 90er Schwert des Tassie Devil abgestockt, oder auch nur in Zusammenarbeit mit einem manuell tätigen Motorsägenführer entzerrt und das Holz abgelegt werden. Gerade in dem Revierteil, in dem wir Strie und Hagenauer damals antrafen, hatten die Wurzelteller der geworfenen Fichten gigantische Ausmaße. Wenn so ein Ding mal umklappt, dann aber gute Nacht, Marie!

Mit Messer oder Sägeschwert

Aber nicht nur zum Entzerren und Abstokken war der Tassie Devil zu gebrauchen. Aufgearbeitete Stämme konnten vom Fahrer vorkonzentriert werden, damit der nachfolgende Rücker ein leichtes Spiel hatte. Und wenn dann ein paar hochgeklappte Stubben die Fahrgasse blockierten, wurden sie einfach in die Zange genommen und entweder beiseite gelegt oder zerteilt und wieder ins Stubbenloch zurückbefördert. Der Tassie Devil war im Jahr 2000 in mehreren Ausführungen erhältlich. Da gab es einmal den reinen Greifer als Modell T in zwei verschiedenen Größen. Das Modell T 22 war für Bagger in der Leistungsklasse 20 bis 25 Tonnen einzusetzen, die Ausführung T 25 war für Bagger mit über 25 Tonnen Leistungsgewicht vorgesehen. Der Greifer mit einer Sägeeinrichtung, die aus einer 90-cm-Sägeschiene von GB mit einer 3/4-Zoll-Ket-

Oben: Der Tasmanische Teufel durchtrennt Stämme bis zu einem Durchmesser von 80 Zentimeter.

Unten: Eine ältere Ausführung des Tassie Devil mit einem Messer zum Stubbenzerschneiden.

te (.122) bestand, war als Modell TD 22 und TD 25 erhältlich. Die gewaltige Kette wurde durch einen 32 kW-Voac-Motor angetrieben. Im direkten Schnitt konnten bis zu 80 Zentimeter dicke Bäume getrennt werden, mit Umgreifen waren sogar 160 Zentimeter möglich. Die Treibgliedstärke bei dieser gewaltigen Kette betrug sage und schreibe 3,05 Millimeter. Für überschwere Einsätze, also nicht nur im Forstbereich beim Flächenräumen und Stubbenzerteilen, gab es das Modell TS, einen Greifer mit einer hydraulischen Schere. Mit 350 Bar Druck wurde das Messer ins Material getrieben, wobei die Messerlänge 530 Millimeter betrug. Die Öffnungsweite der Greifer lag bei knapp über drei Meter. Alle Greifer waren so ausgelegt, daß Stubbenlöcher problemlos zugeschoben werden konnten. Die Preise für den Tassie Devil bewegten sich damals je nach Ausführung zwischen 42.000 und 63.000 Mark frei Flughafen. Da es mit dem Einsatz im Revier Kälberbronn nicht so recht weiterging, brachte Strie das Gerät nach Frankreich, wo er auf mehr Verständnis von Seiten der Forstbehörden hoffte. Er war ziemlich sauer, daß der Tassie Devil in Baden-Württemberg von den Forstbeamten nicht so gut angenommen wurde. Ihn wunderte es sehr, denn für ihn stand die Arbeitssicherheit bei solchen Einsätzen im Vordergrund.

Effektives Flächenräumen

Doch alle Förster waren zum Glück nicht so. Zusammen mit seinem Vorführer Charlie Deering, der sonst als selbständiger Forstunternehmer in Tasmanien mit einem Bagger und einem Holztransport-Lkw arbeitet, schauten wir uns eine Fläche im Stadtwald Leonberg an. Dort war Detlef Hagen mit seinem Komatsu PC 210 Kettenbagger und einem Tassie Devil TS 22, einem etwas älteren Gerät, am Flächenräumen. Hagen ist Fahrer bei dem Unternehmer Walter Schäfer, Straßen-, Wege- und Landschaftsbau, aus Leinfelden- Echter-

Hier ist der Tassie Devil beim Flächenräumen zu sehen.

dingen. Zuerst hatte er mit seiner Maschine den Windwurf aufgearbeitet, jetzt wurden mit dem Tassie Devil die Flächen geräumt, wobei der Schlagabraum und das Reisig auf Wälle gepackt wurde. Anschließend mußte manuell gepflanzt werden. Hagen fuhr alle 16 bis 18 Meter auf den Gassen, die vom Harvester angelegt waren. Mit dem Tassie Devil scharrte er Reisig und Schlagabraum zusammen, griff es und legte es auf Wälle. Vereinzelt zerschnitt er mit dem Messer an seinem Gerät auch Stubben, gerade dann, wenn noch ein langes Stück dran war, damit es nicht aus dem Wall ragte. Die Flächen, die wir besichtigten, sahen prima aus, es handelte sich um eine saubere Arbeit, die der Fahrer dort ablieferte. Anschließend konnte auf dieser Fläche problemlos gepflanzt werden; so wird Forstwirtschaft richtig und effektiv betrieben, das macht Freude! Der Tassie Devil mit der Messerausrüstung wurde übrigens auch schon mit Erfolg im Recycling-Bereich eingesetzt. Durch die Kombination mit dem Messer aus hochverzugsfestem Stahl Wearalloy AR 400 ist das Gerät praktisch unverwüstlich, die Getränkehersteller würden sagen „unkaputtbar". Darum gab Frank Strie, der damals die Vertretung des Tassie Devil für Europa hatte, auch eine Garantie von 3000 Betriebsstunden auf den Greifer beziehungsweise ein Vierteljahr auf die Säge.

Schade, daß sich das Gerät in Deutschland nicht durchgesetzt hat. Für die Arbeitssicherheit im Windwurf wäre es damals noch von großem Vorteil gewesen. Heute werden die Windwürfe mit dem Harvester aufgearbeitet; das ist in der Tat effektiver – und noch einen Tick sicherer. Aber der Tasmanische Teufel hat Nachfolger gefunden. Für die Stubbenrodungsgeräte in Finnland (Seite 36) scheint er Modell gestanden zu haben.

> **In Tasmanien wurden mit dem Tassie Devil Eukalyptusbäume gefällt, gepoltert und auch entrindet. In Deutschland wurde er im Jahr 2000 im Windwurf eingesetzt. Es gibt ihn solo, mit einem Messer oder einer Schneidgarnitur.**

Das System ValmeTrailer

Am 3. Juni 2003 fand im Revier Falkenhof des Forstamtes Carrenzien im Amt Neuhaus/Niedersachsen eine Vorführung des Systems ValmeTrailer statt. Die Idee dieses Systems wurde eigentlich im Forstamt Bad Dürkheim geboren. Ausgedacht hat sich das der Forstunternehmer Gerald Wagner aus Bexbach/Saarland, weil die Holztransport-Lkw aus eigener Kraft damals nicht an die Polter kamen. Sandige Wege wechselten sich ab mit starken Steigungen, ständig mußte Wagner mit seinem teuren Rückezug die Lkw freiziehen.

Da ist es dann nachvollziehbar, daß Wagner schnell auf den Gedanken kam, daß er mit seinem Forwarder entscheidende Vorteile hat, wenn er anstatt des kompletten Lkw nur den Trailer allein zieht. Allerdings sah er für sich von der Zeit her keine Möglichkeit, dieses Vorhaben in der eigenen Werkstatt zu realisieren. So wandte er sich an Partek Forest in Vöhringen-Wittershausen mit dieser Idee (heute Komatsu Forest). Hier fand er in Werkstattmeister Klaus Gring den Spezialisten, der seine Erfindung technisch umsetzte und machbar gestaltete. Herausgekommen ist das System ValmeTrailer. Dem Rückezug Valmet 860.1 wurde auf dem Hinterrahmen eine Sattelkupplung verpaßt. Dazu wird der Rungenkorb (die letzten drei Rungen) abgehoben und die Sattelplatte aufgesetzt. Der Fahrer braucht für diese Arbeiten die Kabine nicht zu verlassen. Die Hydraulik- und Luftanschlüsse der höhenverstellbaren Sattelplatte sowie die Ver- und Entriegelung des Königsbolzens werden aus der Kabine heraus bedient. Dann müssen allerdings manuell die Bremsschläuche angekuppelt und die Stützen des Aufliegers hochgedreht werden, und ab geht die Post. Dieses System kostet bei Valmet 26.000 Euro, darin ist alles enthalten: der Umbau des Rungenkorbes ebenso wie der Kompressor und der Lufttank am Forwarder. Gerold Wagner investierte diese Summe, denn für ihn war entscheidend, daß das abnehmende Werk ihm eine uneingeschränkte Lieferfreiheit einräumt und für dieses System ihm je Tonne Holz einen Euro mehr zahlt. So sagt er auch ganz deutlich, daß er nichts Neues erfunden hat, aber es hilft ihm und seinen Auftraggebern in der Erntekette enorm. Und solange er auf seinen Preis kommt, ist er zufrieden. Übrigens spart auch der Frächter enorm,

Prototypen und Spezialanfertigungen

Das System ValmeTrailer

Ein Forwarder mit Sattelkupplung zieht den leeren Trailer in den Bestand, möglichst dicht an die Rückegasse. Der Trailer wird nach dem Wechsel der Sattelkupplung gegen den Rungenkorb vom Forwarder beladen. Nach dem Beladevorgang wird der Rungenkorb wieder gegen die Sattelkupplung getauscht und der Trailer zu einer befestigten Straße bzw. einem Sammelplatz gezogen und abgestellt, ein leerer Trailer wird in den Wald zurückgenommem. Der beladene Trailer wird vom Lkw übernommen und ins Werk gefahren.

so benötigt er keinen Kran und keinen Allradantrieb bei seinen Lkw. Wenn der Rükker davon etwas abbekommt, ist das in Ordnung, das ist mehr als legitim. Bei einem Alu-Auflieger ohne Kran liegen die Gewichtsvorteile bei 7 Tonnen. Ein weiterer Vorteil ist, daß der Lkw-Fahrer den Kran nicht mehr beherrschen muß und auch das GPS-System für die Lkw ist zum Teil überflüssig. Der Umbau dieses Systems dauert ca. zwei Werkstatt-Wochen. Wagners Kollege, der Forstunternehmer Frank Fentzahn aus Holzkrug in Mecklenburg-Vorpommern, der im Forstamt Carrenzien tätig und schon seit 1997 ein Pionier in der Trailer-Verladung ist, zeigt sich von dem System ebenfalls begeistert. Fentzahn: „Es müssen aber genügend Auflieger vorhanden sein, einmal, damit die Rückezüge ausgelastet sind, andererseits, damit die Lkw keine Standzeiten haben." Fentzahn sieht die Abnahmezeiten im Werk als Problem an, die seiner Ansicht nach verlängert werden müssen. Das System läßt sich optimal gestalten, wenn die Rückung und der Transport in einer Hand liegen. Ideal wäre es für ihn, wenn ein Lkw im Doppelschicht-Betrieb und ein Rückezug zusammenarbeiten würden. 44 Raummeter gehen auf diese Trailer, die zur Zeit im Forstamt beladen werden. Vom Förster wird nicht mehr aufgemessen; es wird nach Werkseingangsmaß abgerechnet. Das setzt natürlich sehr viel Vertrauen von der Waldbesitzerseite voraus. Die Rungen der Trailer sind mit Markierungen versehen, bis zu diesen Markierungen wird geladen, so daß das Maß von 44 Raummeter meistens immer hinkommt. Revierförster Hasso Both ist von dem System auch angetan. Both: „Ich war zuerst skeptisch, ob das auf den sandigen Böden im hügeligen Gelände funktioniert. Ich bin

Bei der Trailerverladung gibt es einige Vorteile. So muß zum Beispiel das Holz nicht absolut bündig liegen und auch das Beladeniveau befindet sich in einer günstigen Höhe. Steht der Trailer dann auch noch direkt an der Gasse – einfach klasse!

Oben und unten: Der Rungenkorb beim Forwarder wird mit dem Kran entfernt und danach die Sattelplatte aufgesetzt, ohne daß der Fahrer die Kabine verlassen muß.

aber positiv überrascht, daß der Rückezug mit dem beladenen Trailer vorankommt. Es zeigt aber, daß wir eine gewisse Wegebreite brauchen. Wo es eng wird, läuft der Trailer aus der Spur. Bei Regen haben wir mit diesem System natürlich Vorteile, der Lkw fährt die Wege nicht mehr kaputt, das Holz steht draußen." Die Praxis zeigt, daß mit einem Forwarder täglich durchschnittlich vier Trailer mit insgesamt 100 Tonnen Industrieholz beladen und abgefahren werden können, wobei das allerdings eine Spitzenleistung bedeutet und sich nicht auf einen Achtstundentag bezieht. Die Abladeleistung des Forwarders ist beim Direktverladen auf den Trailer übrigens höher als beim herkömmlichen Poltern, da das Holz nicht absolut bündig liegen muß; es braucht also nicht geklopft zu werden. Der zusätzliche Zeitaufwand, der dem Forwarder entsteht, um den Trailer zum zentralen Trailerwechselplatz zu ziehen, wird durch kürzere Rückewege wieder eingespart, da der Auflieger direkt am Ende der Rückegasse plaziert werden kann. Der Vorteil für den Holzkäufer liegt darin, daß er absolut frisches Holz erhält, daß er eine Kontinuität in der Lieferstaffel hat und auch auf eine höhere tägliche Liefermenge zurückgreifen kann. Am meisten profitiert der Spediteur durch erhebliche Kostenreduzierungen. Der Lkw benötigt zum Beispiel keinen Kran, der schließlich mit ca. 35.000 Euro zu Buche schlägt. Die Sattelzugmaschine benötigt keinen Allradantrieb und man muß nicht immer einen Spezialisten auf dem Bock sitzen haben, denn es sind keine besonderen Kenntnisse in der Kranbedienung erforderlich. Und durch den Wegfall des Krans entstehen zwei Tonnen mehr Ladekapazität. Ebenfalls entsteht eine Zeitersparnis, da der Lkw nicht mehr selbst laden muß. Aber auch der Waldbesitzer hat Vorteile. Die Einweisung des Lkw-Fahrers durch den Revierleiter entfällt, da die Trailer an zentraler Stelle vom Sattelzug aufgenommen werden. Das Holz wird schneller abgefahren, und je schneller das Holz im Werk ist, desto schneller bekommen der Waldbesitzer, der Forstunternehmer und der Holzhändler ihr Geld. Wobei aber davor gewarnt werden muß, daß der Forstunternehmer diese Leistung als kostenlosen „Service" anbietet. Er hat den Mehraufwand, darum müssen alle diejenigen, die dadurch sparen, mit ihm teilen. Dann hat dieses System wirklich Vorteile – für alle Beteiligten.

Hier bringt der Rückezug einen leeren Sattel zurück in den Bestand und stellt ihn möglichst dicht an der Rückegasse ab.

Oben: Für die Luftversorgung hat der Valmet einen Kompressor verpaßt bekommen.

Unten: Nur zum Ankuppeln der Luftschläuche muß Gerold Wagner die Kabine verlassen.

Der Abab-Carrier

Stubben, Reisig, Schlagabraum. Hierbei handelt es sich um wertvolle Biomasse, aus der Strom und Wärme gewonnen wird. Auf Seite 36 in diesem Buch zeigen wir die Stockrodung in Finnland. Dort fallen jährlich fast eine Million Kubikmeter Stubben an, die von der Fläche auf das Polter am Lkw-fähigen Weg gerückt werden müssen. Aber auch jede Menge Schlagabraum in Form von Zopfenden, Stammreststücken und Zweigen müssen auf Polter transportiert werden. Biomasse wird immer wertvoller. Eine Lösung für den effektiven Transport von voluminösem Schlagabraum und sperrigen Stubben ist der hochabkippende und auch hydraulisch verdichtende Abab Carrier. Der Abab Carrier wird in Schweden hergestellt, und zwar von der Allan Bruks AB. Die Allan Bruks AB mit dem Markenzeichen Abab ist im schwedischen Bro ansässig, das in der Nähe von Stockholm liegt. Für den Aufbau auf den Rückezug eignet sich der Abab Carrier sehr gut. Die Kippfunktion dieses Stubben-Rückeaufsatzes ermöglicht ein effektives und vor allen Dingen schnelles Abladen. Denn durch den Verzicht auf den zusätzlichen Greifereinsatz beim Abladen wird nicht nur das Kran- und Maschinenmaterial geschont, sondern das zu entladende Material auch schneller abgeladen. Der Abab Carrier ist aus sehr robustem Stahl hergestellt und hat ein Ladevolumen beim Schlagabraum von ungefähr 30 bis 35 Kubikmetern. Das Gewicht dieses Transportmittels mit der hydraulischen Kippfunktion beträgt 5,4 Tonnen, ohne die hydraulische Kippfunktion wiegt der Abab Carrier nur drei Tonnen, dann muß allerdings auch immer wieder mit dem Greifer entladen werden. Die Zuladung dürfte so insgesamt bei neun Tonnen liegen, so gibt Allan Bruks AB jedenfalls das Gewicht der Zuladung an. Voll aufgeklappt erreicht der Abab eine Breite von Außenwand zu Außenwand von 5,95 Metern, die Höhe voll aufgeklappt beträgt dann 2,45 Meter. Von der Spitze bis zum Heck ist der Carrier 4,95 Meter lang. Enggestellt weisen die Ladebordwände eine Außenbreite von maximal 3,23 Meter auf. Die benötigte Ölmenge zur Funktion des Abkippens und des Zusammenpressens der Ladung liegt bei 80 Liter in der Minute, der Arbeitsdruck der Hydraulikanlage sollte bei 21 MPa liegen. Die Bordspannung des Carriers beträgt 24 Volt. Mit dem Abab Carrier ist ein hohes Transportvolumen pro Stunde möglich, und damit fallen natürlich geringere Kosten an, was in unseren schnellebigen Zeiten auch für eine bessere Wettbewerbsfähigkeit sorgt. Das Abladen durch die Kippfunktion geht schnell, es können mehrere Schichten übereinander abgeladen werden, da der Abab sehr hoch über Niveau abkippt.

Mit Köpfchen

Gerd Gräbedünkel aus dem thüringischen Langula ist seit 2000 als Holzrücker selbständig tätig. Sein Einsatzgebiet beschränkt nur noch auf Thüringen. Er hat ausreichende Aufträge für seine zwei Spezialmaschinen. Da wäre einmal der HSM 904 F Kombi, mit dem Langholz und Kurzholz gleichzeitig gerückt werden kann. Gerd Gräbedünkel fährt die Hauptmaschine des Betriebes, den 1110 C Timberjack. Die Laubholzwälder des Hainich sind für den Einsatz seiner Spezialmaschinen wie geschaffen; hier fällt Lang- und Kurzholz gleichermaßen an. Der Bestand ist mittlerweile durchgezeichnet und auch schon eingeschlagen. Der Förster hat die Gassen sehr gut gekennzeichnet, indem er die Innenseiten der Gassenrandbäume mit einem weithin leuchtenden weißen Strich versehen hat. So sieht der Rücker auch aus der Nachbargasse, wo und wie er das Holz fassen muß, ob er das Seil einsetzen muß oder ob er den Baum für die nächste Befahrung in der Nachbargasse liegenlassen kann.

Gräbedünkel beginnt den Schlag auf drei ausgesuchten Schneisen; er nimmt sich die Außenschneisen links und rechts sowie eine Schneise in der Mitte vor. So verschafft er sich einen ersten Überblick über das anfallende Holz und die unterschiedlichen Sortimente sowie die Aufarbeitungsqualität. Sobald er die genauen Aufmaße von den Holzfällern hat, mißt er sich auch schon die Polterplätze aus, beziehungsweise rechnet sich aus, ob die angepeilten Polterplätze vom Platz her ausreichend sind. Und trotz eines schriftlichen Arbeitsauftrages und einer Karte, bittet er in ihm unbekannten Revieren den zuständigen Förster um eine weitere Karte beziehungsweise eine schnelle A4-Handskizze, notfalls reicht ihm auch eine Zeichnung auf einem Bierdeckel, wie er sagt. Er möchte vom Bestand mehr wissen. Er will im Vorfeld wirklich alles über den Bestand erfahren, denn die Karten auf den meisten Arbeitsaufträgen sind ihm in der Regel nicht detailreich genug. „Lachen sie mich nicht aus," sagt er zu dieser Vorgehensweise, „aber auch so verdiene ich Geld. Denn in der Vorbereitungsphase werden oft schon entscheidende Fehler begangen. Eine exakte Planung erleichtert mir meine oftmals schwierige Arbeit."

Gräbedünkel fährt, je nach Bestand, rückwärts komplett durch die jeweilige Gasse und verschafft sich so erst einmal einen Überblick über die Mengen und Sortimente in dieser Gasse. Dann weiß er schon fast genau, wie er laden und fahren muß. So spart er sich manche Leerbefahrung; er hat übrigens schon Rücker gesehen, die mit einer viertel Ladung 300 Meter durch den Bestand geeiert sind. Und das kann es ja wohl nicht sein. Seine Vorgehensweise spart ihm erst einmal Sprit und schont aber auch den Bestand beziehungsweise den Boden. Hier im Hainich rückt er zur Zeit in der Laubgenossenschaft Langula, hier fällt Stammholz von 5 bis 16 Meter Länge an, dazu Abschnitte und 3 bis 6 Meter langes Industrieholz. Während dieser Rückwärtsfahrt lädt er sich schon mal einen Abschnitt auf, legt hier und da Langholz beiseite oder konzentriert es schon für eine bequemere und schnellere Handhabung vor. Der Rungenkorb des Timberjack 1110 C wird mit bis zu 7 Meter langem Holz beladen, an die Seilwinde werden dann die langen und starken Stämme genommen, die der Kran einfach nicht mehr hebt. Bei sehr viel Langholzanfall wird die hintere Rungenbank zur vollfunktionsfähigen Klemmbank. Alles Langholz, das der Kran hebt, kommt dann hier hinein. Weiter entfernt liegende Stämme und Abschnitte werden mit der Seilwinde beigezogen. Der 1110 C ist mit einer 2 x 8 Tonnen Pfanzelt-Winde ausgestattet. Bis auf die Kranfunktionen ist die Maschine übrigens komplett ferngesteuert. Das ist gerade beim Beiseilen von großem Vorteil, man kann schnell vor- und zurückfahren und so Stämmen und Stubben ausweichen. Aber auch beim Bänder- und Kettenauflegen ist die Fahrfunktion über Funk ein großer Vorteil. Durch seine bis ins letzte Detail ausgeklügelte Vorgehensweise ist Gräbedünkel hier sehr leistungsfähig, trotzdem agiert er in diesem Bestand boden- und bestandesschonend. Das erkennen seine Auftraggeber aber auch pekuniär an. Er kommt hier auf einen akzeptablen Stundensatz. Wer es noch genauer wissen will, soll ihn selbst fragen, hier werden keine Preise veröffentlicht, obwohl sie in diesem Fall als vorbildlich für die Branche gelten könnten. Die von Haas gebaute Klemmbank kann mit und ohne Bergstütze gefahren werden. Gräbedünkel fährt lieber ohne Bergstütze. Da kann das Holz freier pendeln; mit der Bergstütze kann er allerdings mehr machen, so zum Beispiel Wege abziehen. Eine sehr wichtige Funktion hat die Bergstütze noch: Bei der Bergabfahrt mit starker Buche im Seil dient die Bergstütze als Anschlag, als Schutzschild, damit das im Seil pendelnde schwere Holz nicht in die hinteren Reifen oder gar Bänder gerät. Dabei könnten nämlich schwere Schäden entstehen. Hat er mal einen ganz dicken Kaventsmann ins Seil zu nehmen, kann er die Bergstütze hydraulisch in eine waagerechte Position bringen, so daß nach unten ordentlich Platz ist.

Die Klemmbank hat reichlich Inhalt, bei Fichtenholz, zirka 18 Meter lang, hat man schnell mal 18 Festmeter zwischen den Armen. Der große Vorteil bei dieser Klemmbank ist, daß beim Wechsel der Sortimente nicht umgebaut oder umgesteckt werden muß. Die Verwandlung von der Klemmbank hin zur hinteren Rungenbank und zurück geht in Sekundenschnelle – per Knopfdruck. Die Klemmbank kann so hochgehoben werden, daß sich die Seileinläufe zirka 1,75 Meter über dem Boden befinden. Um ohne Bruch oder zu große Scherkräfte aus dem Hang an die Straße zu gelangen, ist die Klemmbank drehbar gelagert und kippt auch noch nach vorne und hinten.

Insgesamt eine interessante und auch nachahmenswerte Konstruktion, die dazu auch noch problemlos funktioniert! Es gibt viele Möglichkeiten, Holz zu rücken, kurz, lang oder kombiniert, oder so wie Gräbedünkel: Ohne umzubauen, ohne „Rüstzeiten", ohne Streß, aber mit viel Engagement und Freude an der professionellen Waldarbeit. Durch den Einsatz der Klemmbank ist das Holz draußen am Weg natürlich sehr sauber, die Schnittflächen können vom Käufer immer gut eingesehen werden, denn sie sind zu fast 99 Prozent sauber. Das Holz liegt übrigens immer wie auf einer Submission. Gräbedünkel packt alle Stämme einzeln links und rechts des Weges hin.

Links: Die hintere Rungenbank mit den Rungen klemmt das Langholz zuverlässig fest und ist dreh- und kippbar gelagert und kann dazu auch sehr hoch ausgehoben werden.

Rechts: Das schwere Langholz wird ins Seil genommen. Für diese Kaventsmänner kann die Bergstütze waagerecht gestellt und sehr hoch angehoben werden.

Links und rechts: Das nennt man Ladungsoptimierung. Gräbedünkel fährt rückwärts in die Schneise ein und verschafft sich einen ersten Überblick, welche Sortimente hier liegen und wie er laden muß, um die Gasse möglichst wenig zu befahren. Die Innenbäume der Gassen sind mit weißer Farbe deutlich markiert. Der Rücker kann sich darum sehr gut orientieren. Auch aus den Nachbargassen heraus. Gräbedünkel stellt erst eine Fuhre Langholz zusammen. Das Kurzholz nimmt er bei der nächsten Tour mit.

Holzernte auf dem Wasser

An den Anblick muß man sich erst einmal gewöhnen: eine Forstmaschine auf dem Wasser. Ein Maschinenführer ist eigentlich festen Boden unter den Rädern gewöhnt. Sicher, dieser Boden kann schon mal naß und unbefahrbar sein. Aber als Maschinenführer eines HSM 904 während der Arbeit eine Schwimmweste tragen? Dazu auf schwankenden Schiffsplanken? Wo gibt es denn so etwas? Nun, das konnte man kürzlich in der Schweiz beobachten, und zwar am Zürichsee.

Auf zwei kleinen Inseln im östlichen Einfluß des Zürichsees, also am Beginn des Sees, müssen aus Sicherheitsgründen, aber auch aus Naturschutzgründen Bäume gefällt werden. Man möchte auf diesen Inseln keine hochstämmigen Bäume mehr haben. Es geht aber nicht nur um reine Naturschutzmaßnahmen, es geht auch um die Ferienhäuser, die hier auf den Inseln stehen. Ein Sommersturm hatte in den letzten beiden Jahren schon erhebliche Schäden mit entwurzelten oder abgebrochenen Bäumen angerichtet. Aber nicht nur an Uferbefestigungen und an Wochenendhäusern, auch an Boots- und Badestegen werden weitere Schäden befürchtet, denn den Bäumen auf den Inseln ist anzusehen, daß einige die nächsten Frühjahrsstürme wohl nicht überleben werden. Hier muß also schnell gehandelt werden. Denn auch ein im Wasser treibender Baum kann bei der Schiffahrt unter Umständen großen Schaden anrichten. Den Auftrag zur Baumentfernung bekam der Forstunternehmer Emil Jud sen., der mit seinem HSM 904 mit Doppelwinde und Rückekran für die Gemeinde Kaltbrunn arbeitet. Zwei Arbeitsmethoden standen bei der Fällaktion zur Wahl. Einmal der Abtransport der Bäume mit dem Hubschrauber, dann die Methode mit dem Schwimmponton und dem Abtransport der Bäume mit dem Lastenboot. Der Hubschraubereinsatz erwies sich jedoch als zu teuer, so daß schließlich der Bootseinsatz gewählt wurde. Um die Insel zu erreichen, setzte man den HSM-Schlepper auf einen Ponton, der von einem Motorboot zum jeweiligen Einsatzort geschoben oder gezogen wurde. Der Ponton ist mit zwei über Seilwinden absenkbaren Säulen gegen das Kentern beim Arbeitseinsatz des Schleppers gesichert. Die Säulen werden dazu über Seilwinden abgelassen. So kann man den Ponton effektiv stabilisieren. Zum Betrieb dieser Seilwinden ist ein starker Motor auf dem Ponton vorhanden. Zirka 80 Bäume müssen auf der einen Insel entfernt werden. Zwei Forstwirte des Gemeindeforstdienstes Kaltbrunn fällen die markierten Bäume auf den Inseln, Emil Jud steht mit dem HSM auf dem Ponton im seichten Wasser vor der Insel und fischt die gefällten Bäume mit seinem Rückekran heraus. Anschließend legt er die Bäume seitlich auf dem Ponton ab. Ist genug Material zusammen, legt ein

Transportboot seitlich am Ponton an und Jud lädt das Baum- und Strauchmaterial in das Transportboot. So arbeitet man sich immer am Ufer der Insel entlang, sozusagen Baum für Baum. Manchmal muß ein Baum auch per Seil zu Fall gebracht werden. Das geht ebenfalls vom Ponton aus. Das Seil muß allerdings jedes Mal mühselig per Beiboot ans Ufer gebracht werden. Das geht alles wunderbar, allerdings wunderbar langsam. Die Leute müssen per Boot zur Arbeit gefahren werden, mit einem weiteren Boot werden Schlepperfahrer und Hilfsmann zum Ponton gebracht, zum Frühstück wieder zurück, ebenso zum Mittagessen. Für einen ungeduldigen Menschen dauert das doch ziemlich lange! Für die zirka 80 Bäume hat Emil Jud eine Arbeitszeit von einer ganzen Woche eingeplant. Noch geht es problemlos mit dem Wasserstand im Zürichsee, der zwar schon sehr niedrig ist. Für die nächsten Tage könnte es bei weiterer Trockenheit schnell Probleme geben, denn dann kann der Ponton nicht mehr dicht genug ans Ufer gefahren werden.

Ein Schweizer Schlepperfahrer mit Schwimmweste

Jedesmal, wenn Jud einen starken Baum in den Rückekran des Schleppers nimmt und aus dem Wasser hebt, senkt sich der Ponton an der Seite, auf der der HSM-Schlepper steht, tiefer ins Wasser, manchmal bis zu einem halben Meter. Aber das stört weder den Schlepperfahrer noch den Forstwirt, der mit der Motorsäge auf dem Ponton die Bäume mit ihren manchmal doch sehr sperrigen Ästen zersägt, damit sie besser ins Transportboot passen. Schlepperfahrer Emil Jud trägt bei seiner Arbeit übrigens eine Schwimmweste. Man kann ja nie wissen ... Zum Transport der gefällten Bäume und des Astmaterials, das Emil Jud manchmal noch mühselig aus dem See fischen muß, sind zwei Lastenboote vorhanden und wechseln sich mit dem Transport ab. Diese Boote haben eine Tragfähigkeit von zirka 220 Tonnen, sind sehr schmal gehalten und können auf diesem See fast überall durchfahren. Die volle Tragfähigkeit der Boote kann allerdings nicht ausgenutzt werden, denn trotz einer Zerkleinerung des Materials mit der Motorsäge sind die Bäume und Astteile doch sehr sperrig und füllen den schlanken Schiffsbauch sehr schnell aus.

Oben: Der Schlepperfahrer „fischt" die im Uferbereich gefällten Bäume aus dem Wasser und lagert sie auf dem Ponton. Danach legen die Transportboote am Ponton an und werden mit dem Material befüllt.

Rechts: Manchmal muß ein Baum auch per Seil zu Fall gebracht werden. Das geht ebenfalls vom Ponton aus. Das Seil muß allerdings jedes Mal mühselig per Beiboot ans Ufer gebracht werden.

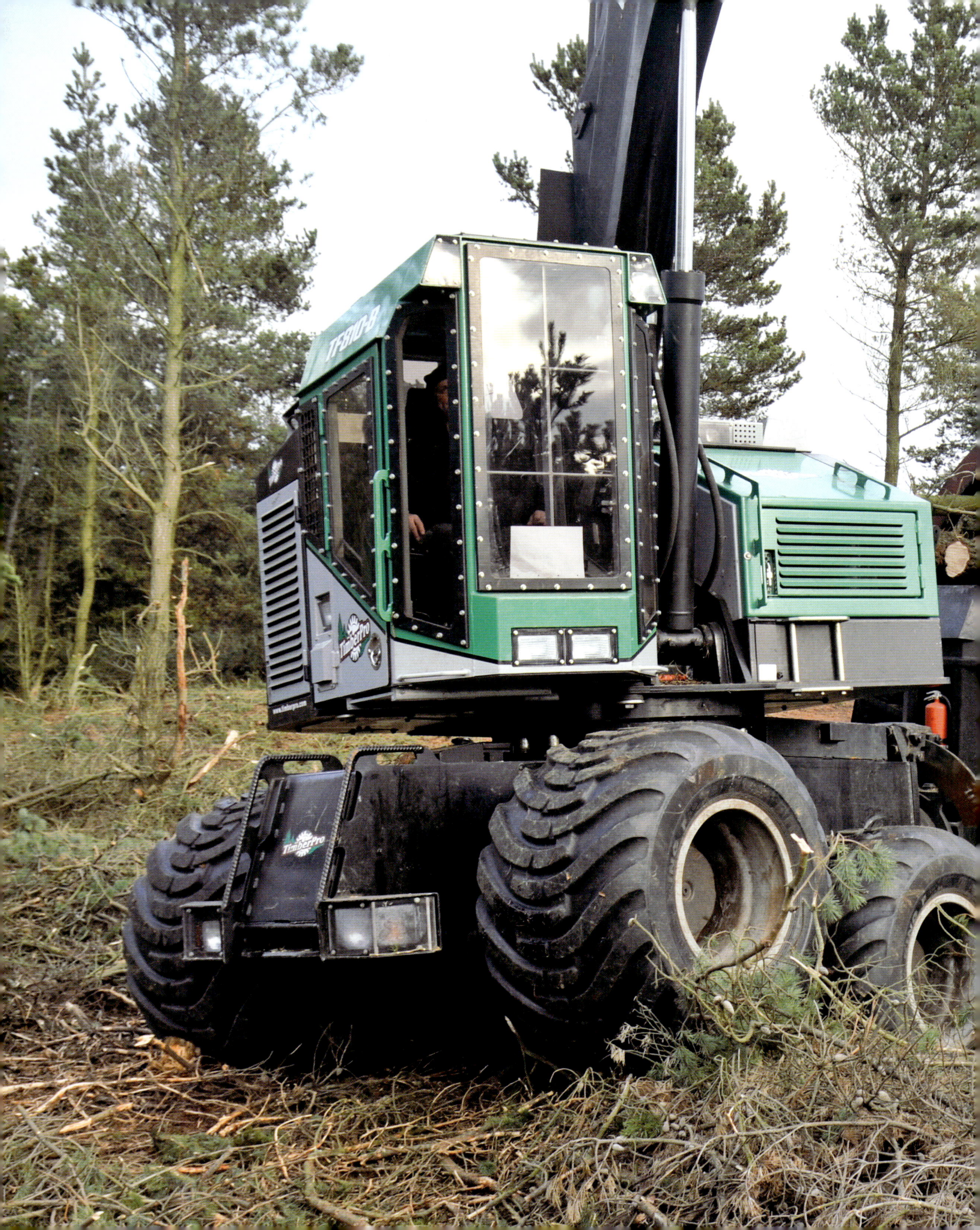
TF810-B
TimberPro
TimberPro

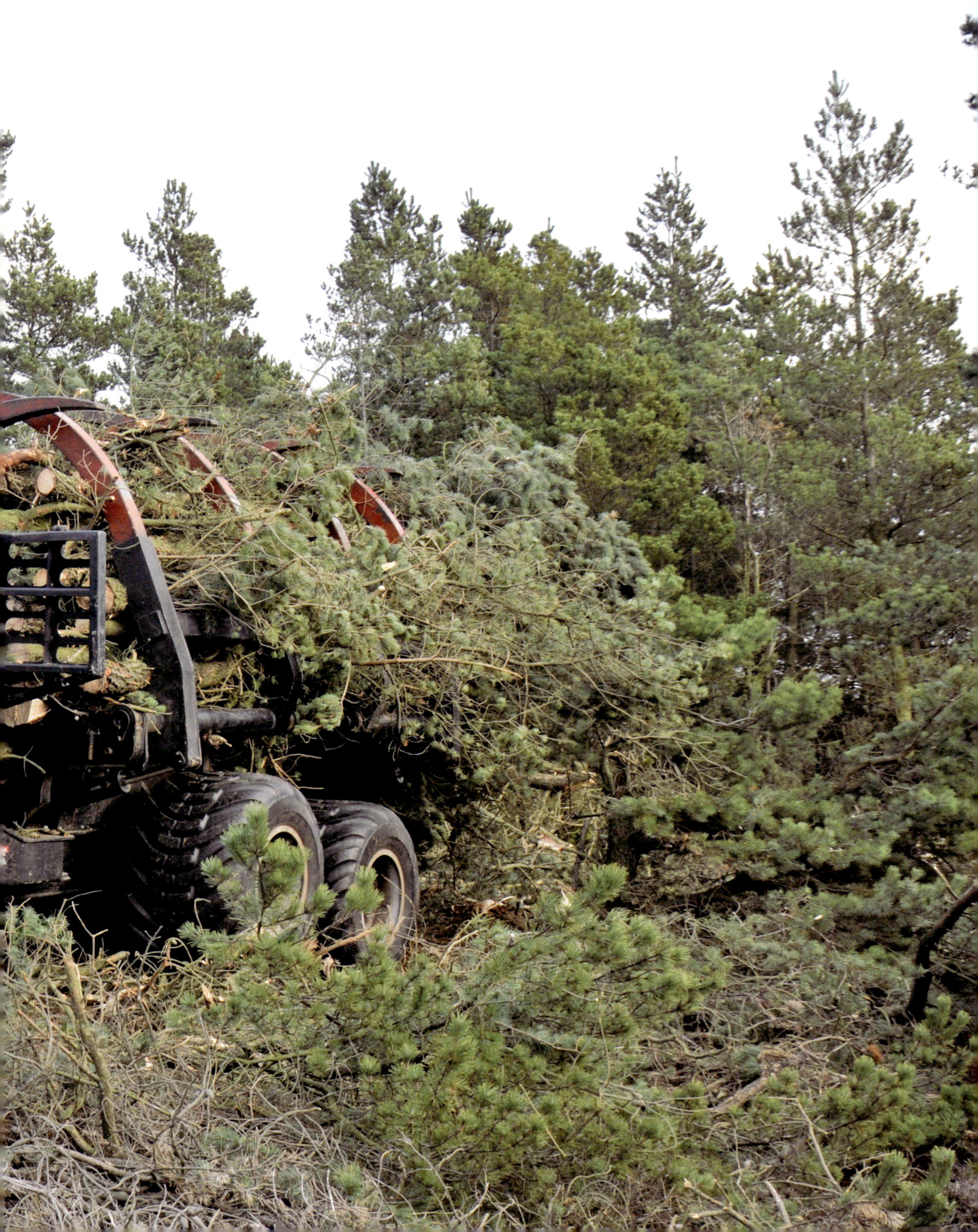

Dänisches Biomasse-Pressing

Ein Vertreter des Bundeslandwirtschaftsministeriums sprach während des Freiburger Winterkolloquiums im Februar 2011 davon, daß ab 2030 in Deutschland jährlich 153 bis 424 Millionen Kubikmeter Biomasse fehlen. Nun, diese Menge an Biomasse ist schon eine interessante Hausnummer. Die Forstwirtschaft könnte hier Abhilfe schaffen – wenn man sie denn läßt. Wie man Biomasse effektiv erntet und transportiert, zeigen uns die Dänen. Das Unternehmen Hede Danmark, die frühere Heidegesellschaft, setzt zur Biomassegewinnung einen modifizierten amerikanischen Timber Pro ein. Mit einem Fällkopf von SP werden die Kiefern gefällt und danach sofort in den Rungenkorb der Maschine gelegt. Mit hydraulisch verstellbaren Rungen wird das Material zusammengepreßt. Sozusagen Dänisches Pressing ... So kann eine sehr große Menge an Biomasse transportiert werden.

Diese schiefgewachsenen und krummen Kiefern werden zu Hackschnitzeln verarbeitet; zu etwas anderem sind sie auch nicht zu gebrauchen.

Was soll man sonst auch aus diesen Kiefern machen? Krumm gewachsen, kaum zehn Meter hoch und dazu auch noch windschief. Der karge Boden und der Wind, der ständig von der nur ein paar Meter entfernten Nordsee heranweht, haben diesen Bäumen ein unverwechselbares Gesicht gegeben. Es handelt sich hier um die Küsten-Kiefer (Pinus contorta). Diese Kiefern stehen in Dänemark, und zwar in Jütland, in der Nähe der Stadt Esbjerg.

Bei Temperaturen um den Gefrierpunkt herum ist es hier gefühlte zehn Grad kälter. Der rauhe Nordseewind dringt durch die Kleider bis tief unter die Haut. Auch der Gedanke, daß diese Kiefern bald jemandem einheizen, will einfach nicht wärmen. Diese Kiefern werden zu Hackschnitzeln verarbeitet; zu etwas anderem sind sie vermutlich nicht zu gebrauchen. Insgesamt vier Hektar werden hier kahlgeschlagen. Unter der Leitung von Hede-Entwicklungschef Erik Baunbaek ist ein Timber Pro 810 B eingesetzt, der mit dem SP 401 EH-Mehrbaumkopf ausgerüstet ist. Aber das interessanteste an diesem Timber Pro ist der modifizierte Rungenkorb, der vom Unternehmen Eagle-Mills in Wisconsin/USA hergestellt wurde. Die acht gewaltigen Rungen des Korbs sind einzeln hydraulisch verstellbar, so kann das Material mit starkem Druck zusammengepreßt werden, damit eine ausreichende Menge zum Polterplatz oder direkt zum Hacker mitgenommen werden kann. Beim Unternehmen Hede Danmark macht man sich schon seit Jahren Gedanken um die effektive Gewinnung von Hackschnitzeln. Mehrere Arbeitsverfahren wurden dazu entwickelt.

Bei dem hier vorgestellten Verfahren ist aus Schweden ist eine ganze Gruppe von Experten angereist. Es handelt sich dabei um Fachleute der Unternehmen Stora Enso, Södra und weiteren Forstgesellschaften. Die Entscheidungsträger dieser Unternehmen haben in weiser Voraussicht einige Maschinenfahrer mitgebracht, die auch gleich den Timber Pro bei dieser Erntemaßnahme ausprobieren sollen. Denn dieses Verfahren scheint sich auch für die schwedischen Wälder zu eignen. Der Timber Pro legt hier zirka 40 Meter breite Schneisen an. Es handelt sich dabei weder um eine notwendige forstliche Maßnahme oder um eine Naturschutzmaßnahme, die dazu auch noch mit horrenden Beträgen aus Brüssel „gefördert" wird. Nein, hier sollen einfach nur Schneisen in die zerzausten Bestände geschlagen werden, damit der Besitzer ein besseres Schußfeld bei der Rotwildjagd hat. Vermutlich sind diese Bäume mal gepflanzt worden, denn ein Reihenbild ist noch halbwegs erkennbar. Neu gepflanzt wird hier aber nichts, denn überall ist die Naturverjüngung zu sehen. Insgesamt sollen hier vier Hektar kahlgeschlagen werden. Je Hektar erwartet Erik Baunbaek einen Ertrag von 700 Schüttraummeter Hackschnitzel. Das Unternehmen Hede Danmark erntet jedes Jahr ungefähr 1,6 Millionen Schüttraummeter Hackschnitzel, davon werden 1,4 Millionen an dänische Heizanlagen geliefert.

Das Arbeitsbild mit dem Timber Pro 810B stößt auf großes Interesse, die schwedischen Fachleute erfreuen sich an einer sauberen Arbeit. Mit dem Sammelkopf SP 401 EH werden die Kiefern gefällt und mit der Sammelvorrichtung im Kopf gehalten. Die Kabine und der Kran auf dem Timber Pro drehen zusammen als Oberwagen komplett. So kann das gesammelte Material auf dem Lastteil der Maschine schnell und bequem abgelegt werden. Bei jeder dritten oder vierten Ablage preßt der Fahrer mit den hydraulisch klappbaren Rungen das Material zusammen, um Platz für

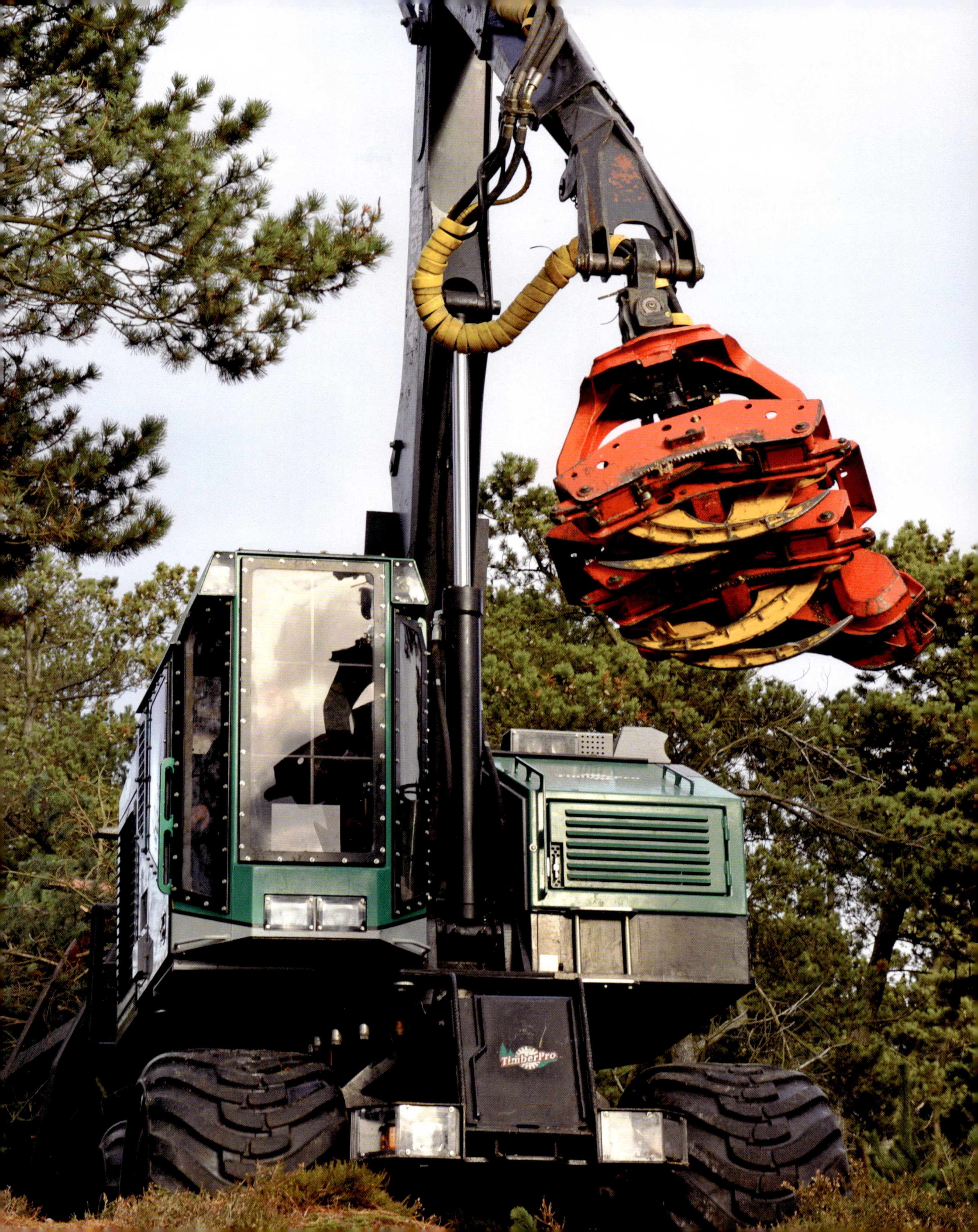
TimberPro

neues Material zu schaffen. Die Rungen können übrigens zur Hälfte geteilt werden, so daß die gebogenen oberen Rungen gegen gerade Rungenteile ausgetauscht werden, damit mit der Maschine eine „normale" Rückearbeit betrieben werden kann. Das Aggregat SP 401 EH ist so ausgeführt, daß es auch zum Auf- und Abladen von Reisigbündeln geeignet ist. Die vier Greiferzinken sind wie für diese Arbeit gemacht. Abgesägt werden die Bäume übrigens mit einer Kettensäge. Hede hat für diese Maschine nämlich auch ein weiteres Aggregat im Einsatz, und zwar ein selbstgebautes, eine sogenannte Disc Saw. Bei ausreichend Platz, zum Beispiel auf breiten Schneisen, so wie in diesem Arbeitsbild, oder auf Kahlschlägen, kann die Maschine bis zu der vollen Breite der ausgeklappten Rungen beladen werden. Bei Hede hat man schon umgerechnet 40 bis 50 Schüttraummeter in den Rungenkorb hineinbekommen. Ist der Rungenkorb vollgeladen, geht es im Eiltempo zum Abladen entweder an den Polterplatz am Waldweg oder direkt an den Hacker.

Auch in der Baumpflege einzusetzen

Durch die Krangeometrie kann die Maschine übrigens auch bei der Baumpflege eingesetzt werden, ebenso bei Arbeiten im Straßenbegleitgrün. Mit dem Kran kann bis zu einer Höhe von ungefähr zehn Metern ein Baum gekappt und sicher transportiert werden. So ist es zum Beispiel möglich, einen Baum von oben her auf passende Längen zu kappen, damit auf der Ladefläche ein nicht zu langer Überstand entsteht. Der Timber Pro kann für eine „normale" Holzernte innerhalb von ein paar Minuten zur Kombimaschine umgerüstet werden. Wobei hier dann auch wie-

Oben: Mit dem speziellen SP-Erntekopf können Reisigbündel gegriffen und verladen werden. Rechte Seite oben und unten: Hier ist deutlich zu sehen, daß gewaltige Mengen an Schlagabraum zwischen die Rungen passen.

der ein „normaler" Harvesterkopf montiert wird. Das Holz kann entweder direkt in den Rungenkorb geschnitten werden, oder es bleibt als Rauhbeuge erst einmal im Bestand liegen und wird dann später mit dem Rückezug gerückt. Auch als reiner Rückezug mit dem dann entsprechenden Greifer kann die Maschine eingesetzt werden. Der Timber Pro hat einige Modifizierungen hinnehmen müssen. So wurde für die Fahrerbequemlichkeit, aber vermutlich auch aus Sicherheitsgründen, vorne am Chassis eine hydraulisch ausklappbare Leiter ange-

bracht. Damit läßt sich die doch sehr hoch angebrachte Kabine leicht und bequem erreichen. Die Mittelgelenkbremse ist sehr groß ausgelegt, fast überdimensioniert. Aber sicher ist sicher. Die Kabine bekam übrigens auch einen größeren Innenraum verpaßt, zwei zusätzliche Lampen sorgen für ein besser ausgeleuchtetes Arbeitsfeld, die Drehzahl des Motors wurde von 2.000 auf 1.600 reduziert, und das bei voller Hydraulikleistung. Das spart Kraftstoff.

Rechts: Für die Fahrerbequemlichkeit, aber vermutlich auch aus Sicherheitsgründen, wurde vorne am Chassis eine hydraulisch ausklappbare Leiter angebracht. Damit läßt sich die doch sehr hoch angebrachte Kabine leicht und bequem erreichen.

Links: Die hydraulisch klappbaren Rungen können zum Holzrücken oben mit geraden Kopfstücken ausgerüstet werden.

Prototypen und Spezialanfertigungen 31

Prototypen und Spezialanfertigungen

Hier kann man sich entfalten

Die Forstbranche redet sich seit Jahren, wenn nicht sogar Jahrzehnten, die Köpfe heiß, um Holz aus dem Kleinprivatwald zu mobilisieren. Denn eines ist sicher, auch wenn es hier und da immer wieder Rückschläge gibt: Holz ist Zukunft; der Holzverbrauch wird steigen, ob zur stofflichen oder energetischen Nutzung. Deutschlandweit sind darum schon immer wieder mal Techniken und Verfahren für die schwierige Situation im Klein- und Kleinstprivatwald entwickelt und eingesetzt worden. Die Probleme in diesen Waldbesitzarten beziehen sich nicht so sehr auf die Ernte des Holzes, sondern liegen mehr im Bereich des Transportes. Das liegt einmal an den unzureichend ausgebauten Waldwegen; wer möchte schon ständig einen Forstweg mit teuren Maßnahmen unterhalten, der nur zu einer kleinen Forstfläche von vielleicht 20, 30 oder 50 Hektar führt? Das lohnt sich nicht!

Ein weiteres Problem sind die geringen Holzmengen, die pro Fläche anfallen. Dieses Problem tritt nicht nur bei der Schnittholzgewinnung auf, sondern auch und gerade bei der Ernte des Energieholzes.

Der Forstunternehmer Karl Hagl aus dem oberbayerischen Freiham hat mit zwei Heizkraftwerken in Oberbayern feste Verträge für die Lieferung von 45.000 Schüttraummeter Hackschnitzel jährlich abgeschlossen. Diese Hackschnitzel liefert er mit dem eigenen Schubboden-Lkw an. Um jetzt dem Lkw immer ausreichend Hackschnitzel zuführen zu können, mußte Hagl sich ein System ausdenken, das die mit dem Lkw nicht zu befahrenden Waldwege mit einbezieht. Er kam dann irgendwann mal auf die Lösung mit einem „mobilen Zwischenlager". Wir haben uns dieses Zwischenlager im praktischen Einsatz angeschaut. Auf den ersten Blick sieht das

Ding wie ein alter Jahrmarktswagen aus. Aus einem Tiefbett-Tieflader hat sich Karl Hagl einen „Zwischenbunker" gebaut. Mit diesem Zwischenbunker hat er sein Problem in den doch sehr kleinstrukturierten Privatwäldern, in denen er hauptsächlich arbeitet, gelöst. Denn hier ist selten Platz für einen Schubboden-Lkw; auch ein Lkw mit Abrollcontainer kommt so gut wie nie in die Bestände beziehungsweise heil über die engen Wege, die zu den Beständen führen. Karl Hagl dachte sich darum eine Lösung aus, die doch sehr interessant ist und anscheinend auch sehr gut hinhaut. Er konstruierte und baute ein mobiles Zwischenlager, das sich hydraulisch „entfalten" läßt und dann 200 Schüttraummeter Hackschnitzel faßt. An diesem Zwischenlager bedient sich der Lkw, denn mit dem Kran des Lagers ist der 90 Kubikmeter fassende Schubboden-Lkw in knapp 15 Minuten zu beladen. Es entsteht für den

Prototypen und Spezialanfertigungen 33

Fotos auf diesen Seiten: Das mobile Lager wird per Schlepper an seinen Bestimmungsort gezogen, dann mit eigener Motorkraft hydraulisch entfaltet. Es faßt ca. 200 Kubikmeter Hackschnitzel, ausreichend für zwei Schubboden-Lkw-Ladungen.

Lkw also keine längere Wartezeit beim Hacken. Das Zwischenlager wird an einem ausreichend großen Platz in der Nähe einer Straße aufgebaut. Das Aufbauen geht doch sehr flott vonstatten. Die beiden äußeren Hälften werden hydraulisch abgeklappt. Um Bodenunebenheiten auszugleichen, führt man an der Maschine eine ausreichende Anzahl von Klötzen und Unterlegbrettern mit. Auf den öffentlichen Straßen wird das Lager von einem Schlepper gezogen; ein Lkw ginge auch, dann bräuchte man aber eine Straßenzulassung. Das rollende Lager ist mit einem eigenen 100 PS Deutz-Motor ausgerüstet und besitzt auch eine leistungsfähige Hydraulikanlage; zur Hackschnitzelverladung ist ein Epsilon Kran aufgebaut. Der Bediener sitzt in einer Krankabine und ist somit wettergeschützt. Der Kran befindet sich auf dem Vorderteil des Tiefladers; hinten am Tieflader sitzen der Motor und die Hydraulikanlage. Sind die Seitenteile ausgeklappt, hat das Lager eine Breite von 8,0 Metern. Die Transportbreite des zusammengefalteten Lagers beträgt 2,5 Meter. Die Gesamtlänge liegt bei zirka elf Meter, wobei die Lagerlänge sieben Meter beträgt. Die vorderen und hinteren Schutzgitter des Lagers werden manuell aufgesteckt, gesichert und sorgen somit für eine Erhöhung des Lagers. Das mobile Lager sollte an einer Stelle aufgebaut werden, die von allen Waldflächen, auf denen in diesem Gebiet Hackschnitzel geworben werden, gleich gut zu erreichen ist. Neben dem mobilen Hackschnitzelbunker sollte nicht nur ausreichend Platz für einen

Schlepper mit dem Shuttleanhänger sein; auch für den Schubboden-Lkw muß genügend Platz eingeplant werden. Beide sollten das Lager direkt, also ohne Rangier- und Wendemanöver, erreichen können.

Die Logistik funktioniert

Hagl hatte bei der Planung und Konzeption dieses Lagers folgende Idee: Der Shuttle bringt die Hackschnitzel von den schlecht zugänglichen Flächen zum Zwischenlager. Der Shuttlefahrer entlädt den Shuttle mit dem Kran des Lagers. Der Greifer des Krans faßt übrigens drei Kubikmeter. Ein Überkippen ginge auch, aber dann wären nur die Ränder des Lagers gefüllt, so daß der Kran wieder zum Einsatz kommen müßte. Und da das Abladen des Shuttles sowieso nur fünf Minuten dauert, bringt das Überkippen kaum Zeitvorteile. Um die Ladekapazität des Shuttles zu erhöhen, können dessen Bordwände hydraulisch seitlich verbreitert werden. Das muß aber oftmals unterbleiben, denn auf den meistens schmalen Waldwegen ist mit einem breiten Shuttle kein Durchkommen. Beim Überladen in das Lager hilft aber wiederum die Verbreiterung des Shuttles, dann läßt sich nämlich der Greifer besser im Shuttle plazieren. Damit auch 200 Kubikmeter in den Zwischenbunker passen, lädt der Fahrer weit über die Bordwand hoch. Da kein Transport stattfindet, ist das kein Problem, im Gegenteil. Je höher der Hackschnitzelberg im Zwischenlager, desto schneller die Beladung des Schubboden-Aufliegers. Das volle Lager reicht für die komplette Befüllung von zwei Schubboden-Lkw. So ist immer eine Sicherheit für den reibungslosen Wechselverkehr gegeben. Da Hagl nur einen Schubboden-Lkw im Einsatz hat, gibt es kaum Probleme bei der Transportkette. Der Lkw-Fahrer belädt seinen Schubbodenauflieger ebenfalls selbst, nämlich wieder mit dem Kran des „Lagers". Was Karl Hagl hier in Oberbayern zeigt, ist eine interessante Lösung, gerade für den kleinstrukturierten Waldbesitz in der Gegend. Durch das entkoppelte Verfahren kann immer gehackt werden, und der Lkw kann immer fahren, er findet immer ausreichend „Futter". Hagl hat mit diesem Verfahren gute Erfahrungen gemacht. Diese Lösung scheint wie für seinen Betrieb zugeschnitten zu sein. Vergleiche mit Hakenliftcontainern sehen sein Verfahren übrigens im Vorteil.

Oben: Das Lager ist aufgeklappt, die vorderen und hinteren Schutzgitter werden von Hand aufgesteckt, dann kann das Lager beladen werden.

Unten: Der Shuttle hat seine Seitenwände eingezogen, denn zwischen den Bäumen am Weg ist der Platz sehr begrenzt. Ein größeres Fahrzeug, wie zum Beispiel ein Lkw, paßt hier nicht durch.

Die Kraft der zwei Seilwinden

Das Unternehmen Råab Bärgnings AB aus dem schwedischen Växjö setzt Berge-und Transportfahrzeuge für Pkw und Lkw ein und ist in der Gegend dort sehr bekannt. Wer im Einzugsbereich des Unternehmens einen Unfall oder eine Panne mit Pkw oder Lkw hatte, nahm meistens die Hilfe von Råab Bärgnings AB in Anspruch. Von der einfachen Pkw-Panne über liegengebliebene Lastkraftwagen bis hin zum Großunfall mit mehreren beteiligten Fahrzeugen besteht bei Råab Bärgnings AB das tägliche Geschäft.

Nun kam ein weiterer Geschäftszweig hinzu: Die Bergung von verunfallten Land- und Forstmaschinen sowie der Einsatz im weiten Bereich des Baugewerbes. Oftmals kamen bei Råab Bärgnings AB Anfragen von Baumaschinenfahrern, die ihre Raupe entweder die Böschung hinabgeworfen, oder gar ihren Bagger im moorigen Untergrund versenkt hatten und Hilfe benötigten. Bei Råab Bärgnings AB hatte man zwar große und leistungsfähige Berge-Lkw im Einsatz, konnte mit diesen aber nicht die besfestigten Straßen und Wege verlassen.

Also suchte man bei Råab Bärgnings AB nach Lösungen und kam auf das nächstliegende: Eine geländegängige Forstmaschine mußte her. Man beschaffte einen gebrauchten Rottne Blondin Rückezug und rüstete ihn für die Offroad-Bergungsarbeiten aus, indem man dem Rückezug ein Schwerbergeaggregat Baujahr 1980 mit zwei Seilwinden verpaßte. Eine fünf Tonnen leistende Winde und eine Winde mit einer Zugkraft von 30 Tonnen. Vermittels einer Heckhydraulik kann sich der Berge-Rückezug im Boden abstützen, damit die große Winde ihre volle Zugleistung entfalten kann. Dank des aushebbaren Rollenantriebs des Rückezuges kann dieser schnell auf der Straße bewegt werden. Im Gelände spielt diese Forstmaschine die Vorteile der Knicklenkung und des dreistufigen Wandlergetriebes aus. Das Baujahr der Maschine soll zwischen 1976 und 1979 liegen, die Maschine wiegt 11,6 Tonnen. Mittlerweile hat der Rottne Blondin Berge-Rückezug schon unzählige Forst- und Baumaschinen aus mißlichen Lagen befreien können. Das Geschäft brummt.

Biomassegewinnung

In Deutschland ist es nicht üblich und durch die fehlenden Endnutzungen auch nicht in diesem Umfang möglich: die Stockrodung zur Energieholzgewinnung. In Finnland dagegen zählt dieses Arbeitsverfahren mittlerweile zum forstlichen Standard. Wer mit offenen Augen durch die finnischen Wälder fährt, sieht neben den Wegen oftmals mehr oder weniger große Polter aus zerteilten Stubben und auch aus Reisigmaterial. Die Stubben wurden gerodet, um Brennmaterial für die zahlreich vorhandenen Biomasseheizungen zu gewinnen, denn Biomasse, und hier insbesondere Holz, wird langsam knapp in Finnland. Aber man wandelt auch Wald in Ackerflächen um.

Ebenso wie für die hochmechanisierte Holzernte gibt es für die Stockrodung über die Jahre hinweg ausgetüftelte Arbeitsverfahren mit bestimmten Regeln und Durchführungsbestimmungen. Diese Regeln sollen einerseits den Anwendern die Arbeit erleichtern, andererseits können sie aber auch für eine steigende Akzeptanz des Verfahrens bei Waldbesitzern und der Bevölkerung sorgen, jedenfalls bei strikter Einhaltung dieser Regeln. Wo diese Regeln nicht eingehalten werden, kann es bei den Waldbesitzern schon mal zu Verstimmungen führen. Es ist eine Binsenweisheit, daß ungefähr 20 Prozent von der Gesamtmasse eines Waldbestandes im Boden sitzen, also in den Stubben und Wurzeln. Die kann man nach der Einschlagsmaßnahme entweder verrotten lassen oder aber nutzen, gerade wenn man großen Bedarf an Biomasse hat. Und Finnland hat einen sehr großen Bedarf an Biomasse.

Wir sahen uns im Rahmen einer Finnland-Tour in den Wäldern Nordkareliens um. Hier führte uns der Weg zum Unternehmer Jouni Nenonen, der ungefähr 20 Kilometer von der russischen Grenze entfernt auf einer Kahlfläche die Stockrodung betreibt. Eingesetzt ist ein Kobelco-Raupenbagger mit einem Väkevä-Aggregat, ein sogenannter Stubbenprozessor. Dieses Aggregat wird von der Firma A. Hirvonen Oy im ostfinnischen Kitee hergestellt. Mittlerweile sollen schon über 100 Aggregate ge-

Prototypen und Spezialanfertigungen

durch Stockrodung

baut worden sein. Es handelt sich hierbei um ein Kombiaggregat; man kann damit Stubben roden, also ziehen/ausgraben und zerschneiden, aber auch Pflanzplätze erstellen. Diese kombinierte Arbeit, also Stubbenroden mit gleichzeitiger Pflanzplatzerstellung, wird uns hier sehr gut und ausführlich gezeigt.

Das Arbeitsverfahren der Stubbenernte

Das ist schon ein sehr professionell wirkendes Arbeitsbild, das uns hier gezeigt wird. Der Fahrer beherrscht seinen Job augenscheinlich sehr gut. In der Vorwärtsbewegung des Baggers werden in einem Radius von nicht ganz 180 Grad die Stubben gerodet. Wobei fast nur die Fichtenstubben genommen werden. Große Kiefernstubben sollen nicht bearbeitet werden. Möglichst keine gravierenden Bodenzerstörungen anrichten, lautet eine der Anweisungen im Arbeitsauftrag. Denn die Pfahlwurzel einer Kiefer kann schon mal ordentlich Erdreich mit herausbringen und einen tiefen Krater hinterlassen. Der Fahrer nimmt also fast nur die Fichtenstümpfe. Auch die lassen sich nicht einfach so herausziehen. Bei sehr großen Exemplaren muß der Fahrer den Stubben schon im Erdreich zerteilen, um ihn dann Stück für Stück zu ziehen. Beim Herausziehen der Stubben sollte der Boden so wenig wie möglich beschädigt werden. In den Boden sollte nur an der Oberflächenschicht (Tiefe maximal 25 cm) eingedrungen werden. Nach dem Ziehen wird der Stubben, beziehungsweise das Teilstück des Stubbens, durch Schütteln des Aggregates vom anhaftenden Erdreich befreit. Dieses Erdmaterial sollte zurück in das Stubbenloch fallen, heißt es in einer Arbeitsanweisung von UPM. Bei dem Aggregat in diesem Arbeitsbild wird das Schütteln noch durch geschickte Bewegungen des Joysticks ausgelöst; es gibt mittlerweile aber schon Aggregate mit einer Schüttelautomatik. Das ist bequemer, schneller und vermutlich auch gründlicher. Nach dem Schütteln packt der Fahrer die Stubben rechts und links neben der Fahrgasse auf 1,5 bis 2,5 Meter hohe Polter, wobei darauf geachtet werden muß, daß die unterste Lage im Polter auf den Schnittflächen der Stubben zu liegen kommt, damit die Luft im Polter von unten her zirkulieren kann. Tiefe Löcher sollten eingeebnet werden. Stubben mit einem Durchmesser kleiner als 20 Zentimeter werden in zwei Stücke gespalten, größere in mindestens vier Stücke, ohne daß halbe Stubben zurückbleiben. Unbeerntet bleiben mindestens 25 Stubben pro Hektar (auf Tonboden 50 Stubben), bevorzugt werden dabei Stubben aller Baumarten und alle Stubben unter 15 Zentimeter Durchmesser. Zusätzlich werden alle Stubben in einer sogenannten „Pufferzone" von der Ernte verschont. „Life pokkets", die in diesen Pufferzonen angelegt werden, enthalten ungeerntete Stubben und unbeschädigten Boden. Sie bilden eine Basis, von der aus die Vegetation, Mikroorganismen und Bodenmikroben sich wieder auf dem bearbeiteten Boden ausbreiten sollen und auch eine neue Humusschicht bilden. Unbeschädigter Boden sollte nach der Ernte noch 35 bis 50 Prozent der Oberfläche des Arbeitsgebietes bedecken. Die Mehrheit der Stubben mit einem Durchmesser unter fünf Zentimetern wird in der Regel im Boden gelassen. Die gestapelten Stubben sollten auf der bearbeiteten Fläche zwei bis vier Wochen trocknen, so daß der Mineralboden von den Stubben abfällt, wenn sie zum Wegrand transportiert werden. Zum Stubbentransport gibt es mittlerweile schon spezielle Aufsätze für Rückezüge, wie auf Seite 21 beschrieben. Boden- und Wasserrichtlinien sollten beachtet werden. Der Polterplatz muß von Unterwuchs befreit, aber kein Mineralboden freigelegt werden, um die Stubben sauberzuhalten. Die Polter sollten stabil und zirka fünf Meter hoch geschichtet werden und an einem trockenen Platz maximal sechs Meter vom Wegrand entfernt liegen. Die Stubben sollten schon den Sommer über getrocknet sein, wenn sie aus der Erde geholt werden und sind dann im darauffolgenden Sommer fertig für die Auslieferung ins Werk. Die Stubben müssen gespalten und trocken sein, ohne Steine, Erdanhang oder andere Störstoffe. Gehackt werden die Stubben in der Regel im Biomasse-Kraftwerk, aber auch auf zentralen Lagerplätzen oder im Hafen. Holz wird langsam knapp – nicht nur in Finnland. Die Stockrodung ist eine unter mehreren Lösungen, mit denen man der Biomasse-Knappheit beggnen will.

Mit steigender Tendenz

Allerdings ist die Stockrodung nicht ganz unumstritten. Im Jahre 2008 wurden in Finnland 573.000 Kubikmeter Stubben für die Energiegewinnung geerntet. Im Jahr 2009 erfolgte eine Steigerung auf 830.000 Kubikmeter, für 2010 liegen die Schätzungen bei über einer Million Kubikmeter Stubben. Von einem Hektar Kahlfläche können 50 bis 100 Kubikmeter Stubben geerntet werden. Es sollen möglichst nur Fichtenstubben genommen werden, aber jetzt versuchen sich einige Aufkäuferfirmen auch an Kiefernstubben. Aus einem Kubikmeter Stubben gewinnt man 2,5 Kubikmeter Hackschnitzel. Der Heizwert dieses Materials ist in der Praxis wie der aus Stammstücken, also gleichwertig. Die Qualität des Brennstoffs aus Stubben wird aber höher eingeschätzt, weil der Feuchtegehalt geringer ist und auch weniger schwankt. Ein Problem bei der Hackschnitzelgewinnung aus Stubben sind allerdings die Sand- und Steineanhaftungen. Mittlerweile gibt es für die Stubbenernte Arbeitsanweisungen und diverse Merkblätter zur Durchführung des Arbeitsverfahrens. UPM hat als größter Nutznießer der Stubbenernte in Finnland eindeutige Regeln aufgestellt – ob sich alle Außendienstler daran halten, sei einmal dahingestellt.

Ist das unästhetisch oder gar Landschaftskunst?

Zur Problematik der Stockrodung noch etwas zum Schmunzeln: Im Zusammenhang mit der Stockrodung und der anschließenden Lagerung der Stubben auf Polter am Abfuhrweg gibt es zwei Meinungen, die wohl nicht unterschiedlicher sein könnten. Sehr viele Experten sind entsetzt über das Aussehen dieser Stubbenstapel, die manchmal doch sehr hoch sind. Diese Stapel werden als unästhetisch empfunden. Die andere Fraktion ist hingegen von den überall anzutreffenden Poltern begeistert und bezeichnet diese allen Ernstes als begrüßenswerte Umwelt-/Landschaftskunst. Nun ja, die Geschmäcker sind verschieden. Die bei der Stubbenernte entfernte Menge Nährstoffe ist übrigens kleiner als bei der Ernte von Restholz/Schlagabraum. Ein aktuelles Ergebnis einer Untersuchung der Universität Jyväskylä und des Finnish Forest Research Institute zeigte, daß durch

Nicht nur Stubben wurden hier geerntet, auch das Restholz und Reisig wurden von der Fläche gerückt und am Weg zur Trocknung gelagert.

die Stubbenernte Bodenlebewesen schwer geschädigt werden. Es handelt sich hierbei um sehr wichtige Mikroorganismen für die Zersetzung. Diese Untersuchung wurde in den Wäldern von UPM gemacht; dieses Unternehmen hat in Finnland mit der Stubbenernte begonnen und ist der größte Nutzer von Stubben-Energie. Die Wälder, die man in der Untersuchung berücksichtigte, wurden 2002 und 2005 beerntet. Stubben sind auch eine wichtige Nährstoffquelle für die Boden-Mikroben, deren Abbauzeit Jahrzehnte beträgt. Das Finnish Forest Research Institute betreibt intensive Forschung zum Einfluß der Stubbenernte auf das Ökosystem Wald, das Baumwachstum, die Bodenflora und -fauna und auch auf die Wasserqualität. Vor ungefähr vier Jahren wurden Langzeit-Feldexperimente in Finnland begonnen, und ältere Untersuchungen werden auch in diesen Studien berücksichtigt.

Nicht immer wird wieder aufgeforstet

In der Regel wird nach einem Kahlschlag und der darauffolgenden Stockrodung gepflanzt. Die Stockrodung hat übrigens zu einem Anstieg der mechanisierten Pflanzverfahren geführt, aber auch die manuelle Pflanzung mit Spaten oder Paperpot-Pflanzrohr wird durch die gleichzeitige Pflanzplatzvorbereitung im Zuge der Stockrodung erleichtert. Allerdings wird nicht jeder Kahlschlag auch wieder aufgeforstet. Zur Zeit wandelt man in Finnland sehr viel Wald in Ackerflächen um, jedenfalls dort, wo der Wald in der Acker hineinragt oder wo Waldflächen Ackerflächen unterteilen und die Bewirtschaftung erschweren. Wer das Land kennt, weiß, daß die Ackerflächen in Finnland in der Tat sehr klein und darum schwer zu bearbeiten sind. Daher gibt es vom Gesetzgeber auch kaum Einspruch bei der Umwandlung. Der Erlös für Schlagabraum oder Stubben ist übrigens sehr gering; für den Waldbesitzer lohnt es sich eigentlich gar nicht, diese Produkte selbst zu ernten und zu verkaufen.

Mittlerweile sind sehr viele Waldbesitzer auch sehr skeptisch gegenüber der Stockrodung und dem Nährstoffentzug durch die Kompletträumung der Kahlschlagfläche. Bei Gesprächen mit Waldbesitzern und Forstexperten ist eine große Skepsis gegenüber der Stockrodung zu bemerken, so daß vermutlich der Trend nicht weiter nach oben gehen wird. Die Millionen Kubikmeter in 2010 werden wohl ein Rekord bleiben

Ein weiteres Problem bei der Energieholzgewinnung soll nicht verschwiegen werden. In der Regel werden die Stöcke in Fichtenbeständen bei der Holzernte in Finnland mit Urea/Harnstoff oder Rotstop besprüht, um schädliche Pilze (zum Beispiel den Wurzelschwamm „Fomes annosus") am Eindringen zu hindern. Diese Pilze gelangen über das Wurzelgeflecht in den verbliebenen Bestand. Mit dem Harvester gibt man das Mittel über die Sägeschiene auf den verbleibenden Stock. Das ist seit Jahrzehnten Standard. Bei der Energieholzernte in schwachen Beständen werden aber jedes Jahr in Finnland hunderte von Kleinharvestern eingesetzt, die das zu entnehmende Schwachholz mit einem Energieholzaggregat abkneifen. Diese Aggregate sind nicht mit einer Sprühvorrichtung für Urea oder Rotstop versehen. Fachleute befürchten darum einen

Massenbefall mit Fomes annosus, dem schon seit einigen Jahren so Tür und Tor geöffnet werden. Das wird in Finnland schon längere Zeit heiß diskutiert, und man erwartet eine Regelung, die sich dieses Problems annimmt.

Die Herstellung von Pflanzplätzen

Aber zurück zur Stockrodung. Ist die Fläche im Kranbereich bearbeitet, rückt der Bagger vor, der Fahrer dreht den Oberwagen und beginnt im rückwärtigen Bereich mit der Anlage von Pflanzplätzen. Dabei handelt es sich um das plätzeweise Aufschütten/Aufschieben von Erdhügeln. Gerade sehr steiniges Gelände sollte für die folgende händische Pflanzung plätzeweise aufgeschüttet werden, nasse Böden (mit Gräben) sind zu drainieren. Für die Fichten-Pflanzung sind 1.800 Anhäufungen/Pflanzplätze pro Hektar nötig. Die Oberfläche des Pflanzplatzes sollte jeweils 50 mal 50 Zentimter messen und die Höhe nach der Kompression mindestens 15 Zentimeter. Die obere Schicht des Pflanzplatzes sollte aus Mineralboden bestehen; Pflanzplätze sollten auch dort angelegt werden, wo die Stubben im Bestand gepoltert werden, also auch in den Pufferzonen. Für eine mechanische Pflanzung ist die Herstellung von Pflanzplätzen natürlich nicht erforderlich. Das Väkevä-Aggregat eignet sich augenscheinlich sehr gut zur Pflanzplatzbereitung. Die Stubbenschere wird Richtung Baggerarm geklappt, dann mit dem kombinierten Erdlöffel den Boden beziehungsweise den Mineralboden zu einem kleinen Haufen schieben, mit dem Formteil andrücken, fertig. Das geht doch ziemlich flott vonstatten. In Verbindung mit der Stubbenrodung rechnet sich das sogar. Nach Fertigstellung dieser Fläche möchte man gleich zum Pflanzrohr oder zum Spaten greifen, so sauber und einladend sieht die bearbeitete Fläche aus.

Ist diese Art der Waldbewirtschaftung die Zukunft, und das vielleicht nicht nur in Finnland? „Wenn die Biomasse-Ernte sorgfältig erfolgt, ist die Wald-Regeneration leichter, das Vorkommen von Stockfäule wird reduziert, die Nachhaltigkeit der Holzproduktion gewährleistet, Artenvielfalt wird erhalten und die Umwelt geschützt." Das sagt jedenfalls das Unternehmen UPM, das finnlandweit größter Käufer der forstlichen Biomasse ist.

Oben: Der Bagger im Einsatz in Nordkarelien. Nach dem Einsatz sieht die Fläche sehr gut aus und ist zur händischen Pflanzung bestens vorbereitet (Foto rechts).

Unten: Mit dem Stubbenprozessor werden auch Pflanzplätze für die händische Pflanzung erstellt.

Die Kastanien-Mähmaschine

In der Charente in Frankreich finden sich Hunderte, wenn nicht sogar Tausende Hektar von Kastanienwäldern, die allesamt aus Stockausschlägen bestehen. Alle 20 Jahre wird hier geerntet. Das Ernteverfahren wirkt auf den ersten Blick allerdings etwas umständlich. Mit einem Feller-Buncher werden Stockausschläge geerntet, die anschließend noch einmal vom Harvester angefaßt und aufgearbeitet werden. Was soll denn dieser Quatsch? Warum nimmt man für den Fällvorgang nicht einfach den Harvester, der ja sowieso schon hier ist? Nun, die Frage läßt sich schnell beantworten. Das Ansetzen eines Harvester-Aggregates in diese zum Teil undurchschaubaren Ruten- und Baumbündel ist eine Katastrophe. Das geht eigentlich gar nicht. Und wenn, dann nur unter großen Mühen und Verrenkungen. Auch vertrocknete Ausschläge, die oftmals noch ein paar Zentimeter bis manchmal über einen Meter aus dem Boden ragen, verhindern das Ansetzen eines Aggregats. Hier hat nun ein Forstunternehmer zusammen mit einem Maschinenverkäufer eine pfiffige und tragbare Lösung gefunden. Paul Vivion ist im Ort Mazerolles in der Charente ansässig. Paul Vivion ist Forstunternehmer und hat sich auf die Ernte von Laubholz, und hier speziell die Kastanie, spezialisiert. Vivion konnte übrigens schon mehrere Arbeitsverfahren zur rationellen Laubholzernte entwickeln und voranbringen. Nicht nur dieses jetzt vorgestellte Verfahren. Hier in der Charente, die nächstgrößeren Städte sind Cognac und Limoges, gibt es unzählige Kastanienwälder, die aus Stockausschlägen bestehen. Zehn bis 15 Ruten sprießen aus den alten Stöcken, davon trocknen während der Aufwuchsphase dann allerdings einige aus und behindern dann zum Schluß ein normales Harvesteraggregat, so daß intelligente Lösungen erforderlich waren, um diese Stockausschläge effektiv ernten zu können. Früher wurden diese in der Tat mit dem Harvesteraggregat geerntet/heruntergesäbelt. Aber schon bei der Positionierung und dem Ansetzen des Aggregates ging immer sehr viel Zeit verloren. Die anderen Ausschläge behinderten die korrekte Positionierung des Aggregates, die Trockenhölzer brachen ab und sorgten dann dafür, daß das Aggregat nicht bodengleich angesetzt werden konnte und so weiter und so fort. Jedes Ansetzen des Aggregates war mit großem Ärger verbunden. Auch war der Verschleiß am Aggregat und den Schläuchen sehr hoch. So kam Vivion dann schließlich auf

Prototypen und Spezialanfertigungen 41

Links und rechts: Als Trägerfahrzeug für das über drei Meter hohe und 3,2 Tonnen schwere Aggregat eignet sich der Timber Pro ganz vorzüglich. Er besitzt eine gewaltige Hubkraft, hat eine ideale Krangeometrie, und der Oberwagen mit Kran und Kabine dreht endlos. So können die geernteten Bündel neben, vor oder hinter der Maschine abgelegt werden. Und mit 300 PS ist der Timber Pro 630 B auch ausreichend motorisiert.

die heute praktizierte Lösung mit einem Feller-Buncher, der pfiffige französische Forstunternehmer sagt dazu allerdings sehr direkt und respektlos: „Mähmaschine". Das Verfahren hat sich Vivion zusammen mit dem Verkäufer dieser Erntekette speziell für diese Bestände ausgedacht und dann schließlich auch realisiert. Mit dem Feller-Buncher schneidet man, manchmal fast bodengleich, so viel Stämme und Stämmchen ab, wie man zu fassen bekommt. Sind nicht genügend Stämme im Aggregat, wird noch einmal nachgefaßt, und bei Bedarf auch noch ein drittes Mal, ein viertes oder sogar fünftes Mal. Das nach dieser Methode geerntete Material legt der Fahrer des Timber Pro entweder rechts oder links neben der Maschine ab,

Oben und rechts: Das Quadco-Aggregat ist mit vier kräftigen Armpaaren ausgestattet, mit denen die Bündelbildung erfolgt. An der rotierenden Scheibe (Disc) sitzen 22 Zähne, die nach der ersten Abnutzung gedreht werden. Danach müssen sie komplett ausgetauscht werden.

manchmal auch direkt dahinter in der Fahrspur. Die Leistung kann sich übrigens sehen lassen. Durchschnittlich schafft er mit dem Timber Pro und dem kanadischen Feller-Buncher Aggregat einen Hektar Stockausschlagfläche in zehn Stunden. Das ist aber sehr abhängig vom Bestand. Vor einem Jahr hat Vivion gewaltig investiert. Etwas über eine Million Euro mußte er für seine komplette Erntekette bezahlen. Die Summe bekam er übrigens problemlos finanziert. Beim Maschinenkauf wurde er fachmännisch betreut von Bernard Rolling, der für HSM den südlichen Teil Frankreichs bearbeitet. Vivion entschied sich für den Timber Pro als Trägerfahrzeug und für den Erntekopf Quadco 22 SC aus Kanada. Der Quadco wiegt stolze 3,2 Tonnen. Dafür gibt es aber auch ordentlich Stahl am Haken. Abgeschnitten wird das Holz mit einer Disc, einer rotierenden Scheibe mit 22 Zähnen, die außen an der Scheibe angeschraubt sind. Nach Abnutzung der vorderen Seite können die Zähne noch einmal gedreht werden. Zirka drei Wochen hält jede Seite des Zahns. Dann müssen die Zähne alle ausgetauscht werden. Ein Nachschleifen ist nicht möglich. Knapp 400 Kilogramm wiegt alleine die Scheibe, die einen Durchmesser von Zahn zu Zahn von 1,45 Meter hat. Und diese riesige und schwere Scheibe rotiert mit 1150 Umdrehungen pro Minute unten im Aggregat. Das erfordert natürlich eine gewaltige hydraulische Antriebsleistung. Der Sägeschnitt hat eine Stärke von knapp 6 Zentimetern. Stumpfe Zähne senken die Leistung und erhöhen den Kraftstoffverbrauch der Maschine. Darum sollten die Zähne immer rechtzeitig gedreht, beziehungsweise ausgetauscht werden. Durch eine besondere Griff- beziehungsweise Festhaltetechnik mit vier Armen kann ein großes Bündel von Kastanienruten gesammelt werden. Der Kopf, also der Feller-Buncher, ist nach jeder Seite bis zu 40 Grad drehbar. So ist es möglich, auch schrägstehende Bäume anzufassen. Zum Ablegen ist der Kopf in der Vertikalen fast bis zu 90 Grad kippbar. Er kann zwar nicht gerade auf dem Boden abgelegt werden, aber mit der Disc und den Armpaaren kann man auch am Boden liegendes Sturmholz absägen und greifen. Apropos Sturmholz: Vivion hat kein Interesse an der zur Zeit in Südfrankreich stattfindenden Sturmholzaufarbeitung. Er will lieber in seinen Kastanienbeständen bleiben. Obwohl neben dem Timber Pro auch sein neuer Harvester, der HSM 405 H3, dafür sehr geeignet wäre. Denn die Achtrad-Maschine ist mit dem leistungsstarken Logmax 7000 B ausgerüstet. Auf den ersten Blick ist diese Maschine für diese schwachen Bestände hier überdimensioniert – eigentlich. Aber im Laubholz gelten andere, härtere Gesetze. Mehr hält mehr und länger, heißt es da. Und Vivion setzt den Harvester nicht nur hinter dem Feller-Buncher ein, sondern oftmals auch in stärkeren Beständen. Darum hat er sich beim Harvester für die stärkere Variante entschieden. Nach dem Feller-Buncher-Einsatz kommt der Harvester ins Spiel. Der packt sich aus den bündelweise abgelegten Ruten, Stämmchen und

Oben: Hier kann mit einem normalen Aggregat mit einer Kettensäge nicht gearbeitet werden. Das Aggregat ist in dem Gewirr schwer anzusetzen; wenn, dann würde die Kette ständig reißen; das Schwert immer wieder verbiegen.

Unten: Nach dem Feller-Buncher kommt der Harvester zum Einsatz. Mit dem HSM 405 H3 können jetzt die dickeren Stämme aus den abgelegten Bündeln bequem gegriffen und aufgearbeitet werden.

Stämmen die verwertbaren Stücke und arbeitet sie zu Industrieholz auf. Dieses Holz wird in etwa vier Meter lang ausgehalten. Aber großartig gemessen wird nicht. Das Holz sollte zwischen 3,80 und 4,10 Meter lang sein. Wenn der Fahrer allerdings die ganz dicken Dinger zu fassen bekommt, muß er auf die korrekte Länge achten. Denn daraus wird Parkett gemacht. Auch für die Spanier ist das ein ganz wertvolles und begehrtes Schnittholz-Sortiment. Traditionell werden dort aus Kastanienholz hochwertige Möbel erzeugt. Dieses Sortiment bringt dem Unternehmer auch das meiste Geld, aber da die Bäume hier nicht in den Himmel wachsen, ist gerade dieses Sortiment selten. Als weiteres Sortiment ginge noch das Pfahlsortiment für den Weinbau; aber die Gewinnung wäre sehr aufwendig, weil vom Markt viele unterschiedliche Längen gefordert sind. Und das lohnt sich nicht für ihn, obwohl die Kastanie für das Pfahlholz lieber genommen wird als die Pinie. Ein Kastanienpfahl hält bis zu 20 Jahre, ohne daß er imprägniert wurde. Die Pinie muß imprägniert werden und das Mittel soll dann irgendwann mal in die Rebe übergehen, dann in die Traube und so den Geschmack der Traube negativ verändern. Vivion befaßt sich jedoch nicht mehr mit der Produktion von Pfählen für den Weinbau. Er konzentriert sich jetzt ganz auf das Industrie- und Energieholz. Nachdem der Feller-Buncher das Holz bündelweise abgelegt hat, kommt also der Harvester zum Einsatz. Es sei denn, es droht eine längere Regenperiode, dann wird gleich der Forwarder eingesetzt.

Als Rückezug hat sich Vivion den HSM 208 F, einen Vierzehntonner, angeschafft. Der Rungenkorb ist bei dieser Maschine innerhalb kürzester Frist gegen eine Klemmbank tauschbar. Mit der Klemmbank wird dann das komplette Holzbündel an die Waldstraße gerückt und erst dort mit dem Harvester aufgearbeitet. Da es jetzt aber lange nicht geregnet hat und so bald wohl auch nicht regnen wird, kann der Harvester weiterhin problemlos auf der Fläche arbeiten. Nachdem der Harvester mit seiner Arbeit auf der Kahlfläche fertig ist, kommt der Rückezug mit dem Rungenkorb zum Zuge, der das Industrieholz und anschließend das Energieholz rückt.

Das Holz für die thermische beziehungsweise energetische Nutzung liefert der findige Forstunternehmer an zwei Stromversorger, die das Reisigmaterial und die dünnen Stämme hacken und der energetischen Nutzung im Kraftwerk zuführen. Das Energieholz und auch das Industrieholz bekommt Vivion nach Gewicht bezahlt. Darum soll das Holz möglichst frisch abgeholt werden. Im Sommer kann es nach ein paar Tagen schon einen Schwund von über zehn Prozent aufweisen. Darum drängt der Forstunternehmer auf pünktliche und schnelle Abholung. Vivion ist mit dieser Methode übrigens der größte Industrieholz-Lieferant des Unternehmens International Paper, das bei Limoges ein Papierwerk betreibt. 80 Prozent seines Bedarfs deckt International Paper mit Laubholz.

Der Rückezug befördert anschließend das Industrie- und Energieholz auf die Polter (unten).

Unten: So sieht eine Stockausschlagfläche ein Jahr nach der Ernte aus. Die Kastanien schießen hier gewaltig schnell in die Höhe. In spätestens 19 Jahren kann wieder geerntet werden. Welche Methode wird dann wohl angewendet?

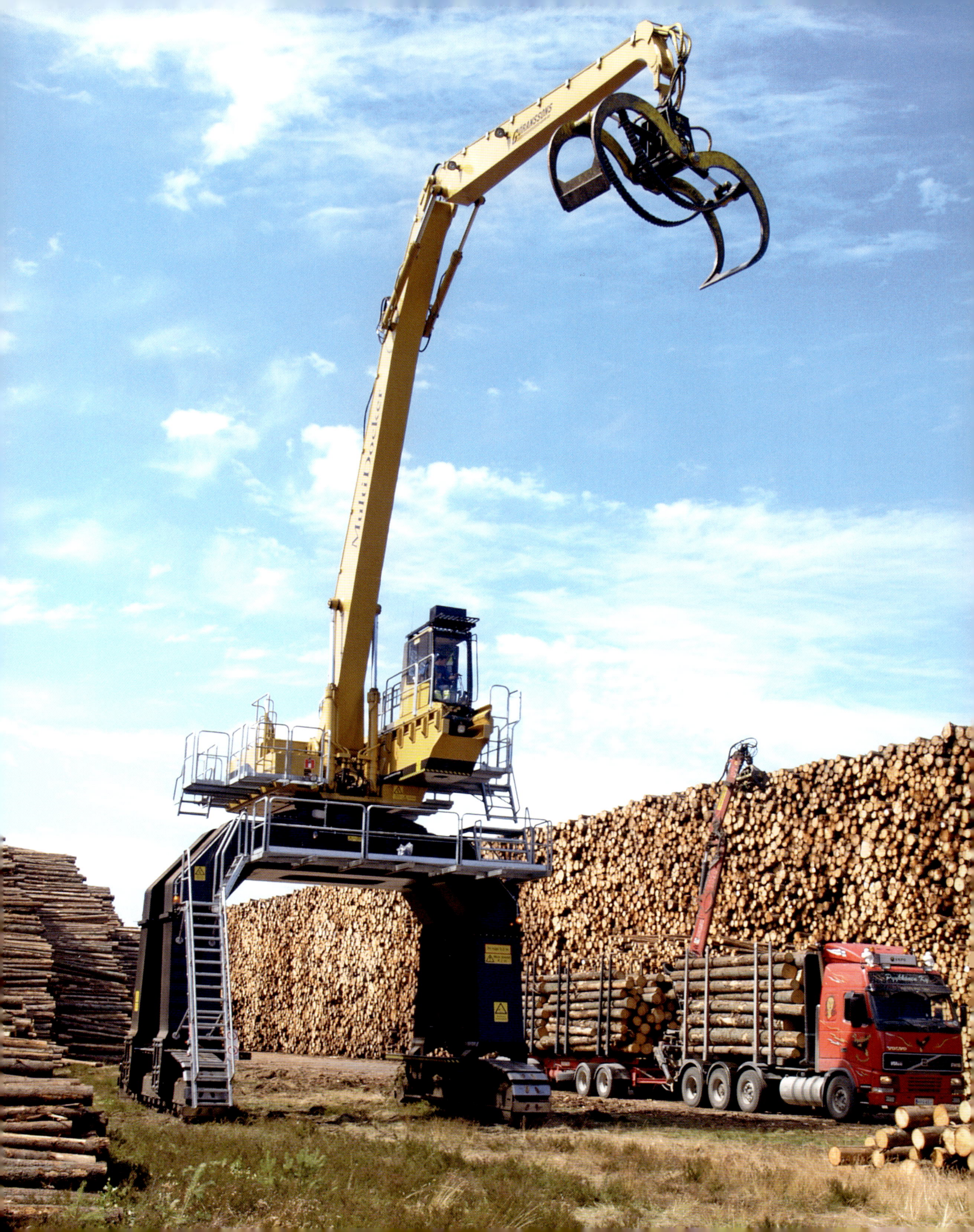

Europas größter Naßlagerplatz

Schweden im Jahr 2005. Nach dem gewaltigen Sturm „Gudrun", der durch Südschweden tobte und zirka 75 Millionen Kubikmeter Holz zu Boden brachte, haben die Aufräumungsarbeiten begonnen, die ersten Naßlager entstehen, darunter ein extrem großes Lager bei Byholma. Schon bei der Anfahrt zum größten Naßlagerplatz Europas kann der interessierte Besucher die Dimensionen dieses Platzes erahnen. Nur ein schmaler Waldstreifen trennt den Naßlagerplatz von der Straße des ehemaligen Militärgeländes. Durch diesen Waldstreifen hindurch ist ein zirka zehn Meter hohes und fast drei Kilometer langes Holzpolter zu erkennen. Daß noch weitere zwölf Reihen Holz in allen Dimensionen dort lagern, wird erst beim Betreten des Platzes sichtbar. Hier liegt Holz in rauhen Mengen. Ein gewaltiger Anblick! Die Abschnitte liegen in 13 Reihen zehn Meter hoch, manchmal sind es sogar 15 Meter. Es handelt sich hierbei auch nicht um einfaches Zellstoff- oder Papierholz, sondern um hochwertige Sägeabschnitte in Längen von 2,6 bis 6,0 Meter. 6.000 Festmeter werden hier innerhalb von 24 Stunden per Lkw angeliefert. Mittlerweile hat sich dieses Naßlager zu einer Touristenattraktion gemausert. Täglich kommen mehrere hundert Menschen und beobachten die Entladevorgänge. Während der Mittsommertage, die in Schweden arbeitsfrei sind, waren es an einem Tag sogar 5.000 Besucher. Dieses Naßlager befindet sich in Schweden, und zwar auf einem alten Militärflughafen bei der Ortschaft Byholma. Fährt man die Bundesstraße 25 von Ljungby in Richtung Halmstad, zweigt nach zirka 30 Kilometern rechts eine Straße Richtung Byholma ab. Folgt man dieser Straße, geht es nach zwei Kilometern wieder rechts ab; dieser gut ausgeschilderte Weg führt direkt auf den Platz. 15 Hektar groß ist die alte Start- und Landebahn mit den dazugehörigen Grasflächen. Auf diesem Areal sollen in den nächsten Monaten 1.000.000 (in Worten: eine Million!) Festmeter Windwurfholz in die Höhe wachsen. Das wären dann die holzreichsten 15 Hektar Europas, wenn nicht sogar der Welt. Betreiber des Naßlagerplatzes ist die Vida-Gruppe, Schwedens größtes Sägewerksunternehmen. In den Vida-Werken wird Bau- und Konstruktionsholz geschnitten. Man hat sich auf bestimmte Längen und Standards eingerichtet. So wird kein Brett verkauft, das nicht mindestens gehobelt ist. 95 Prozent der bei Vida erzeugten Produkte gehen in den Export nach USA, England, Ja-

Prototypen und Spezialanfertigungen

pan, Irland und auch ganz Europa. Das Sägewerk Hestra ist auf Kabeltrommeln spezialisiert. Alle Größen und Durchmesser werden dort produziert und ebenfalls in alle Welt verkauft, Paletten und Palettenaufsätze (Kragen) werden hergestellt. Auch die Kunst des Dachstuhlbaus beherrscht man bei der Vida-Gruppe und hat sich für diese Art der Holzkonstruktion spezialisiert. Vida hat auch in der Gegend von Ljungby eine riesige Menge Windwurfholz gekauft und aufarbeiten lassen. Da die Werke diese gewaltige Menge nicht sofort aufnehmen können, wurde dieses Naßlager bei Byholma als Pufferspeicher errichtet. Auch in der Gegend von Unnaryd ist die Vida-Gruppe aktiv und richtete dort das Naßlager Yaberg ein.

Der Multi Docker

Zur Zeit unseres Besuches liegen schon 360.000 Festmeter auf diesem Platz. Das berechnete Fassungsvermögen des Areals beträgt 1.000.000 Festmeter, und die sollen in ein paar Monaten hier auch lagern und beregnet werden. Damit die Arbeiten im berechneten Zeitrahmen bleiben, hat man sich bei Vida der leistungsfähigsten Unternehmer mit der bestmöglichen Umschlagtechnik bedient. Die ankommenden Lkw werden mit einem Multi Docker entladen, ein gewaltiger Umschlagbagger (Terminalkran) auf Basis des Cat 365 B. Gebaut wurde diese Maschine in Schweden vom Unternehmen Multi Docker Cargo Handling AB in Norrköping. Der Raupenbagger Cat 365 B wird nur auf dem amerikanischen Markt angeboten. Mit einer Leistung von 450 PS ist er für die Umschlagaufgaben, die er jetzt zu bewerkstelligen hat, ausreichend motorisiert. Dem Cat-Bagger wurde ein Untergestell mit Raupenlaufwerk verpaßt. Die Gesamtbreite des Untergestells beträgt 7,6 Meter, die Durchfahrthöhe 5,2 Meter, so daß auch ein extrem überladener Lkw hindurchpaßt. Die Laufwerkslänge mißt 7,35 Meter. Den Multi Docker gibt es in mehreren verschiedenen Ausführungen, die für unterschiedlichste Einsätze speziell ausgerüstet werden können. Ob mit verschiebbarer

Kabine oder mit Hubkabine, ob mit 3.000 Liter fassendem Zusatztank und verschiedenen Kranreichweiten: Alles ist möglich und lieferbar. Speziell für die Schiffsverladung kann die Kabine hydraulisch um etwas mehr als vier Meter nach vorne geschoben werden. So hat der Fahrer einen besseren Einblick in den Bauch des Schiffes. Hundert Tonnen wiegt dieses gelbe Monster. Die Reichweite des Parallelkrans beträgt 22 Meter, bei voller Auslage hebt der Kran noch gewaltige zehn Tonnen. Der Greiferinhalt beträgt je nach Holzlänge 2,5 bis etwas über acht Kubikmeter Holz. 400 Tonnen Last kann der Multi Docker unter idealen Bedingungen je Arbeitsstunde bewegen. In drei bis vier Minuten ist ein Holz-Lkw entladen. Das geschieht doch alles recht flott. Der Transport des Multi Dockers von Malmö bis auf den Platz hat alleine 200.000 Schwedenkronen gekostet. Der Fahrer des Multi Docker handhabt dieses Ungetüm mit einer bewundernswerten Leichtigkeit. Es handelt sich hierbei um einen zuverlässigen und routinierten Profi, denn er fährt seit zwölf Jahren Multi Docker und ähnliche Maschinen. In zehn Ländern Europas war er schon im Einsatz und hat auch mit so einer Maschine am Bau der Brücke zwischen Dänemark und Schweden mitgewirkt. Mit dem Multi Docker legte er die Befestigungssteine für dieses Bauwerk in die Ostsee. Mit seinem Terminalkran hat er bisher alles bewegt, was im Hafen und sonstwo umzuschlagen und zu verladen ist. Holz, Papier, Sand, Steine, Stahl, Rohre und vieles mehr. Der Fahrer sitzt so hoch, daß sich seine Augen in einer Höhe von elf Metern befinden. Der Überblick von da oben ist gut, wenn auch die Lkw von dort wie Miniaturausgaben der Originale wirken. Die Lkw-Fahrer halten an einer vom Multi Docker-Fahrer festgelegten Stelle. Den Lkw-eigenen Kran haben sie vorher schon aufgestellt und beiseitegedreht, damit er einmal die Entladearbeiten nicht behindert, andererseits so aber auch vor Beschädigungen durch den Greifer des Multi

Die dem Naßlagerplatz vorgeschaltete Vermessungsstation. Hier wird die Ladung eines jeden ankommenden Lkw händisch vermessen. Damit der Vermesser einen besseren Überblick gewinnt, ist eine Rampe installiert, von der aus er die Ladung begutachten und aufnehmen kann.

Die Polter wurden mit zum Teil über zwölf Meter Höhe zu hoch angelegt. Das verursachte die späteren Schwierigkeiten bei der Beregnung der Polter. Die Folge: Rückbau der Polter.

Docker oder eventuell herabfallender Abschnitte geschützt ist. Mit dem Multi Dokker wird immer nur an einer bestimmten Stelle zugegriffen, nämlich dort, wo der Weg für den Kran der Umschlagmaschine vom Lkw zum Polter am kürzesten ist. Ist der letzte Greifer Holz von einem Stoß auf dem Lkw oder dem Anhänger abgeladen, gibt der Kranfahrer ein Hupsignal, damit der Lkw-Fahrer vorzieht und dem Multi Docker den nächsten Stoß mundgerecht präsentiert. So geht das Entladen Hand in Hand und natürlich sehr schnell vonstatten. Bis zu sechs Reihen Holz, je nach Länge der Abschnitte, kann der Fahrer des Multi Docker neben beziehungsweise auch hinter sich legen. In der Regel sind die Polter knapp zehn Meter hoch, manchmal ragen die Polter auch 15 Meter in den Himmel. So wächst das Naßlager täglich um gewaltige 6.000 Festmeter. Dem Naßlagerplatzbetreiber, der Vida-Gruppe, gehört diese Umschlagmaschine allerdings nicht. Der Multi Docker wurde von einem Unternehmer angemietet. Und dieser Holztransport-Unternehmer ist beileibe kein Unbekannter. Es ist Curt Göransson aus Färila, der beim Truckrennen schon viermal Europameister war. 1986, 1988, 1989 und 1990 stand er jeweils ganz oben auf dem Podest. Göransson betreibt das Unternehmen Göranssons Åkeri AB, wobei Åkeri mit „Fuhrunternehmen" oder „Fuhrbetrieb" übersetzt werden kann. Göransson ist mit seinem Unternehmen augenscheinlich gut aufgestellt. Der Multi Docker ist seine neueste Errungenschaft. Vorher schlug er sein Holz mit einem Mantsinen-Umschlagbagger um, auch ein leistungsfähiges Gerät, das aber nicht annähernd an die Leistungsfähigkeit des Multi Docker Terminalkrans heranreicht. Angeschafft wurde der Multi Docker eigentlich für die Schiffsverladung im Hafen, aber nun wird der Terminalkran erst mal ein paar Monate auf dem Naßlagerplatz eingesetzt.

Weiter hat Göransson zwölf allradgetriebene Holztransport-Lkw in seiner Flotte, dazu spezielle Trailer, zwei mobile Verladekräne für Verladearbeiten im Wald, drei Cat-Hochlifter, sechs Volvo-Radlader in allen Größen und Ausführungen, zwei Dumper, einen Tieflader zum Maschinentransport und dementsprechende Servicewagen. Diese Maschinenausstattung kann sich sehen lassen und zeugt von einem professionellen Unternehmen, das flexibel und leistungsstark den jeweiligen Anforderungen begegnen kann. 25 bis 30 Angestellte arbeiten je nach Saison für Göransson. Den Multi Docker auf dem Naßlagerplatz setzt die Vida-Gruppe im Zeitlohn ein, die Summe, die Göransson dafür pro Stunde in Rechnung stellt, war jedoch nicht in Erfahrung zu bringen. Patrik Wilhelmsson, Vida-Mitarbeiter gibt über die Logistik dieses Platzes bereitwillig Auskunft. Das benötigte Wasser zum Beregnen des Holzes wird aus dem 1,7 Kilometer entfernten See Bolmen herangepumpt. Zwei leistungsfähige Pumpen jagen pro Sekunde 400 Liter Wasser in die Rohrleitungen, jede Pumpe also 200 Liter in der Sekunde. Das Wasser wird in ein erstes Becken gefördert, dann zu drei kleineren Becken in der Nähe des Naßlagerplatzes weitergeleitet. Dann geht es wieder per Rohrleitungen weiter zu den Haupt- und Zwischenverteilern, um schließlich mit Einzelverteilern auf die Polter geregnet zu werden. Nach Fertigstellung des Leitungssystems wird es vermutlich nur noch einigen wenigen eingeweihten Experten möglich sein, das Gewirr an Leitungen, Verteilern und Schläuchen zu überwachen und notfalls instandzusetzen.

Schwierigkeiten bei der Beregnung

So positiv mein erster Besuch des Naßlagerplatzes auch ausgefallen ist – die Katastrophe begann mit dem Beregnen der Polter. Das Wasser erreichte die unteren Lagen der Polter fast gar nicht, so daß das Holz zu verschimmeln und zu verfaulen drohte. Die zu hohen Polter mußten zeitaufwendig und damit auch teuer rückgebaut werden. Was diese Aktion gekostet hat und wer dafür letztendlich verantwortlich war, wurde mir nicht mitgeteilt. Mir wurde in den Folgemonaten auch der Zutritt zu dem Platz verwehrt. Es gab einfach keine Auskünfte mehr, so daß man sich seinen Teil denken mußte. Deutsche Naßlagerexperten hatten dieses aber vorhergesagt. Sie wußten schon beim Anblick meiner ersten Bilder, daß die Bewässerung, die Beregnung, der zu hohen Polter Schwierigkeiten bereiten würde.

Entdecke die Möglichkeiten

Was ist zu tun, wenn ein Lkw nicht nur allein zum Forstmaschinentransport eingesetzt werden soll, sondern als Universalfahrzeug auch zum Rundholztransport, zum Hackschnitzeltransport oder als Baustellen- und Containerfahrzeug benötigt wird? Man kauft entweder die notwendigen Anhänger zum Lkw dazu, oder man macht es wie der Forstunternehmer Walter Raskop aus Landscheid/Eifel – man favorisiert eine multifunktionale Lösung und sucht sich dann einen Spezialisten, der so eine „eierlegende Wollmilchsau" bauen kann. Raskop benötigte einen neuen Tieflader zum Forstmaschinentransport. Bisher war in Raskops Unternehmen ein Lkw zu diesem Zweck eingesetzt, auf dem Raskop seine Forwarder und Zangenschlepper transportierte. Die meiste Zeit stand der Lkw jedoch herum und konnte nicht anderweitig eingesetzt werden, da er speziell nur für diesen einen Zweck ausgerüstet war. Er suchte für seinen neuen Lkw nach einer multifunktionalen Lösung.

Mit dem Lkw sollten nicht nur Forstmaschinen transportiert, sondern auch Rundholz, Hackschnitzel und Baumaterialien gefahren werden. Ein Tiefbett-Tieflader kam für Raskop wegen der geringen Bodenfreiheit nicht in Frage. Für seinen Einsatzzweck in den Bergen wäre das Gespann Lkw mit Tieflader entschieden zu lang, auch wegen der engen Forststraßen in seinem Bezirk.

Auf der Suche nach der Ideallösung kam Raskop eine Idee, deren Ausführung wohl einmalig in der Branche sein dürfte: ein multifunktionelles Fahrzeug. Auf einen MAN TGA 26.410 (werksintern FNLL = Frontlenker/Nachlaufachse/Vollluftfederung/Chassis-Ausführung), ein 6 x 2/2 mit einen M-Fahrerhaus, wurde eine Transportplattform für Forwarder und Seilschlepper aufgebaut. Die Nachlaufachse dabei ist lenk- und liftbar. Die Lenkbarkeit und die Wendigkeit erhöht sich somit. Auf eine Allradausführung wurde bewußt verzichtet, weil sonst der Rahmen zu hoch angesetzt wäre. Der Motor des MAN leistet 410 PS, das zulässige Gesamtgewicht liegt bei 26 Tonnen. Zunächst wurden der Tank und die Batterieräume nach vorne gesetzt, dadurch ein Freiraum im Bereich zwischen der Vorderachse und der ersten Hinterachse geschaffen. Nachdem das Fahrgestell entsprechend vorbereitet war, auch indem der hintere Überhang gekürzt wurde, konnten die Radaufstandsflächen montiert werden. Ebenso die Kotflügel, so daß ein Lkw mit Radmulden für den Forstmaschinentransport entstand. Die hintere Radaufstandsfläche ist schnellwechselbar durch Führungstaschen und Schraubverriegelungen. So ist der Lkw bereit, Forstmaschinen vom Skidder bis zum Forwarder mit bis zu 16 Tonnen Eigengewicht zu transportieren. Wobei alles paßt, ob zwei, drei oder vier Achsen.

Die Gesamthöhe beim Transport eines Timberjack 1110 zum Beispiel liegt bei 4,15 m. Zum Holztransport wird die hintere Radaufstandsfläche abgenommen (abgestellt) und dann die Hakenlift-Einheit aufgesattelt. Verriegelt wird die Hakenlift-Einheit, die von Hyva in Mönchengladbach geliefert wurde, mit Schnellwechselverschlüssen. Durch die Luftfederung des Lkw ist das Absetzen der hinteren Radaufstandsfläche und das Aufsatteln der Hakenlift-Einheit ein Kinderspiel. Mit dem Hakenlift-System kann das Euroflat-Sy-

Die hintere Radaufstandsfläche für den Transport des Forwarders ist schnellwechselbar.

Beide Maschinen passen auf den Lkw, ob Rückezug/Forwarder oder wie hier der Seilschlepper/Skidder.

In den 7,1 m langen Container paßt der Fendt-Schlepper zusammen mit dem Hacker Eschlböck Biber 7 hinein. Der Container wird auch zum Hackschnitzeltransport genommen.

Per Hakenlift wird das Euro-Flat von Kraemer aufgezogen. So können auf dem Motorwagen bis zu sechs Meter lange Abschnitte gefahren werden.

stem von Georg Kraemer aus Bad Berleburg aufgezogen werden. So kann bis zu sechs Meter langes Holz gefahren werden. Zum reinen Holztransport wird dann noch ein Rundholzanhänger angehängt.

Eine eierlegende Wollmilchsau

Für den Hackschnitzeltransport wurde ein Container angeschafft. In diesem Container transportiert Raskop aber auch seinen Fendt Vorliefer-Schlepper und den Eschlböck Hacker, die beide in den Container mit 7,10 Meter Länge passen. Weiter möglich wäre auch der Betrieb eines Zweiseiten-Kippers mit Kran, die auf einer gemeinsamen Plattform sitzen. Auch der Aufbau eines Hackers mit Container wäre machbar. Die Vorteile bei dieser Kombination liegen neben der Vielseitigkeit des Lkw auch in seiner Wendigkeit, die durch die Liftachse und die Lenkbarkeit der zweiten Hinterachse erreicht wird. Es ist alles sehr kompakt aufgebaut, durch die Liftachse ergibt sich eine Kraftstoffersparnis, und der Forstunternehmer hat für dementsprechende Forstwege auch eine ausreichende Bodenfreiheit. Durch die Vollverzinkung des Aufbaus ist eine hohe Korrosionsbeständigkeit gegeben. Der Aufbau sieht nicht nur sehr gut und professionell aus, er ist tatsächlich auch so ausgeführt. Eine saubere handwerkliche Arbeit, wie man sie immer wieder gerne sieht.

Die absetzbare Hakenlift-Einheit ist mit Schnellverschlüssen für die elektrische und hydraulische Einheit versehen. So ist der Lkw universell einsetzbar und erhöht dadurch die Einsatzzeit erheblich. Raskop könnte theoretisch auch Müll oder Kies mit dieser Einheit fahren, wenn in der Forstwirtschaft einmal nichts zu tun ist. Eine Spezialität des Unternehmens Raskop ist die Räumung von Flußbetten. Das machen einige zwar noch mit dem Bagger, das ist aber nicht besonders effektiv, denn das Räumgut muß aus dem Überschwemmungsbereich des Flußlaufes entfernt werden, und meistens kommt der Lkw wegen des Untergrundes nicht bis an den Bagger heran. Raskop setzt hierzu jedoch den Rückezug ein, der durch seine acht breiten Schlappen für den weichen Untergrund hervorragend geeignet ist, lädt sich das Räumgut auf den Rungenkorb und verbringt es anschließend auf den Lkw, der an einer befahrbaren Straße steht. Früher mußte er sich immer einen Container-Lkw für diese Tätigkeiten ausleihen, jetzt setzt er für diese Aufgabe seinen eigenen Lkw mit dem Hakenlift-System und einem passenden Container ein.

Universeller Rückekraneinsatz

Der Forstunternehmer Robert Brunnauer aus Elsbethen hat sich einen HSM 904 angeschafft. Das ist ja mittlerweile schon nicht mehr berichtenswert, jedenfalls in Deutschland. In Österreich gingen die Uhren bis vor ein paar Jahren in punkto Skiddereinsatz etwas anders. Es ist die erste neue HSM-Maschine in Österreich mit einem Rückekran. Der Epsilon S110 R 80 mit dem Sortiergreifer FG 41 S und dem Indexator Rotator 121 mit einer einfachen Pendelbremse ist zwar keine Seltenheit, aber für die Gegend um Elsbethen herum schon etwas Besonderes. Denn hier laufen nur sehr wenige Knickschlepper mit einem Rückekran. Brunnauer hat sich für diese Ausstattung entschieden, weil es ihm die Arbeit doch sehr erleichtert, es ist für ihn die „perfekte" Ausstattung für einen Seilschlepper. Brunnauer arbeitet allerdings auch schon seit zehn Jahren erfolgreich mit Rückekränen. Auf seinem JCB Schlepper hatte er so einen Rückekran, ebenso auf seinem Unimog. Beide Maschinen hat er jetzt verkauft. Der neue HSM ist nun die Hauptarbeitsmaschine in seinem Betrieb. Der Motor des HSM 904 leistet 240 PS, die Maschine hat verstärkte Achsen von NAF, die intern HSM 19 heißen, die Achsen sind auch mit größeren Reifen, nämlich 750/65-34 bestückt. Das reicht, sagt der Staatsanwalt. So ist die Maschine allerdings auch 2,70 Meter breit, andere sagen sie ist „nur" 2,70 Meter breit. Über Danfoss-Joysticks ist die komplette Maschine bedienbar. Der HSM 904 hat eine Doppeltrommelwinde von Adler, die HY24 mit zweimal zwölf Tonnen Zugleistung. Auf der einen Seite der Winde hat Brunnauer das Pythonseil in einer Stärke von 16 Millimetern aufgezogen, auf der anderen Seite ein verdichtetes 13 Millimeter Seil mit einer Seillänge von 120 Meter, das Pythonseil ist 100 Meter lang. Die Seile werden hauptsächlich bei der Rückung von Buche eingesetzt. Der Forstunternehmer hat zirka 60 Prozent Laubholzanteil in seinem Auftragsvolumen. Das Heckschild des HSM ist mit einem höhenverstellbaren Rollenbock ausgestattet und gezahnt; das dient der sicheren Stammablage und hilft doch sehr beim Langholzrücken und beim Sortieren. Das ZF-Lastschaltgetriebe des HSM hat sechs Vor-, drei Rückwärtsgänge, und die Maschine läßt sich damit angeblich so leicht wie ein Pkw fahren. Als Kran wurde bewußt ein Epsilon gewählt, der übrigens auch hier in Elsbethen hergestellt wird, also am Firmensitz von Forstunternehmer Brunnauer. Der Kran hat innenliegende Hydraulikschläuche, bis zur Kranspitze ist er im Schlauchbereich also sehr gut geschützt. Das Auswechseln eines defekten Schlauches erfolgt eigentlich sehr einfach, heißt es. Man öffnet zwei Aluabdeckungen und koppelt den neuen Hydraulikschlauch an den alten defekten. Dann zieht man den alten Schlauch heraus und gleichzeitig damit den neuen in seine bestimmte Lage ein. Das war es dann auch schon. Der Kran langt in dieser Version acht Meter hin, hat ein Doppelteleskop, schwenkt um 360 Grad, also rundherum. Er hebt bei voller Auslage immerhin noch 1.150 Kilogramm, und bei drei Meter Auslage sind es schon 3.240 Kilogramm. Das Schwenkmoment des Krans beträgt 33 kNm (netto) was auch immer das heißen mag. Als Greifer wählte Forstunternehmer Brunnauer den FG 41 S, der 6.000 Kilogramm heben können soll. Mit diesem Greifer kann er rücken, aber auch sortieren und poltern. Denn sortieren muß er oftmals beziehungsweise immer. So auch im vorgestellten Arbeitsbild. Mit einem Koller Seilkran K300 holt er das Langholz aus dem Hang. Nachdem die Bäume im Hang manuell gefällt wurden, werden sie im Ganzbaumverfahren an die Waldstraße geseilt und dann mit dem HSM per Rückekran durch eine Apos-Entastungseinheit (Fotos rechts und oben) gezogen, die für diese Vorführung von Firma Gratz aus Eisenbach/Schwarzwald zur Verfügung gestellt wurde. Nach dem Durchziehen werden die sehr sauber entasteten Stämme dann von Brunnauer mit dem HSM gepoltert und auch gleichzeitig nach Klassen sortiert. Drei Mann sind hier bei dieser Arbeit beschäftigt, das ist auch die komplette Mannschaft des jungen Forstunternehmens. In Spitzenzeiten werden allerdings auch Aushilfen beschäftigt. Wenn Brunnauer abends die Arbeitsstätte verläßt, ist jeder Stamm, der hochgeseilt wurde, auch schon entastet und auf seinen vorbestimmten Polterplatz gerückt. Brunnauer läßt grundsätzlich nichts unbearbeitet an der Bergstraße liegen. Er will jeden Abend wissen, was er an diesem Tag geschafft hat. Darum ist der Weg geräumt, jeder hochgeseilte Baum ist entastet, sortiert und gepoltert. Das Reisig wird von ihm mit dem Rückekran gleich zur Seite geräumt und somit sieht der Arbeitsplatz immer sehr sauber und übersichtlich aus. Mit dem Rückekran wird der Skidder zu einer sehr vielseitigen Maschine, in Verbindung mit dem Apos-Entaster sogar zum „Prozessor"

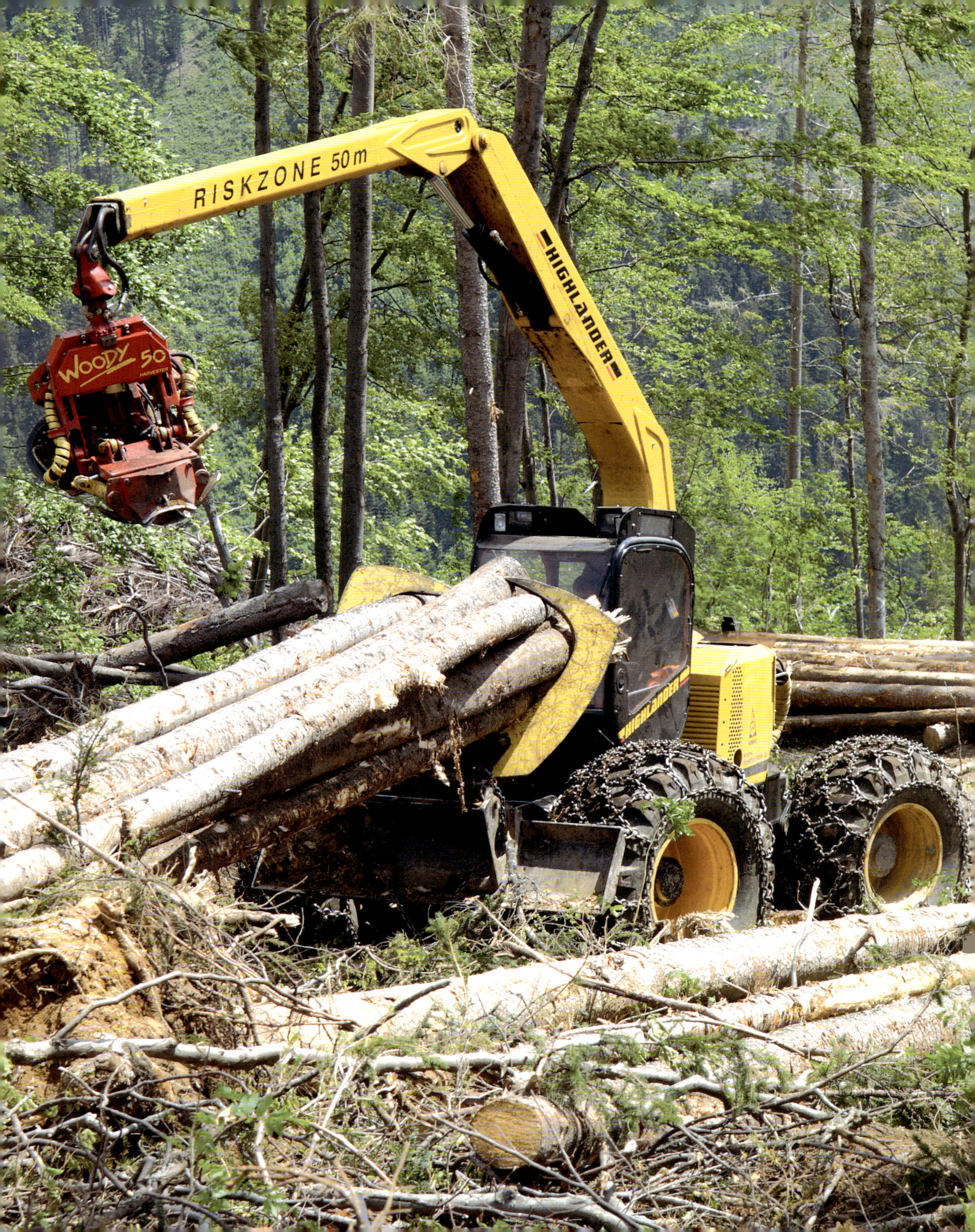
RISKZONE 50m
HIGHLANDER
WOODY 50
HIGHLANDER

Am 8. Juni 2006 wurde der Zeitschrift *FORSTMASCHINEN-PROFI* exklusiv der neue Highlander (Foto rechts) bei seiner ersten Ausfahrt aus den Produktionshallen der Konrad Forsttechnik aus Preitenegg/Kärnten vorgestellt. Der Prototyp dieser Maschine stand 2004 auf der KWF-Tagung und bekam auch prompt einen Innovationspreis. Die zweite Maschine, die schon stark modifiziert war, konnte letztes Jahr auf der Elmia in Schweden bewundert werden. Diese Maschine kaufte das Unternehmen Krenn GmbH aus Tragöß/Steiermark. Krenn setzt diese Maschine zur Zeit in der Slowakei ein (Foto links). Dort läuft sie in Zusammenarbeit mit einem Woodliner Und der nagelneue Highlander, der Typ 3, wurde vom Hersteller Konrad Forsttechnik noch einmal gründlich modifiziert. Die Grundidee des Highlanders ist eigentlich ganz simpel. Eine Maschine, die dort noch hinkommt, wo keine andere Rad- oder Kettenmaschine mehr hinkommt. Zuerst hier und da noch belächelt, scheint es Hersteller Sepp Konrad tatsächlich gelungen zu sein, so ein Multitalent nicht nur zu bauen, son-

Ein „lebender" Tragseilanker

dern auch einsatzbereit dem Kunden in den Bergwald zu bringen. Bei dem Highlander handelt es sich um ein vierrädriges Fahrzeug, wobei die Kraft des Sechszylinder Iveco Turbodiesels mit 230 PS über zwei Hydrostaten an die Vorder- und Hinterachse übertragen wird. In den Radeinheiten sind Planetengetriebe mit Verstellmotoren eingebaut. Es handelt sich hierbei um einen reinen Ölantrieb, der auch hydraulisch sperrbar ist. Die Fahrzeugbremse ist ebenfalls in jede Radeinheit integriert. Damit der Highlander extrem hangtauglich ist, kann die Schreitfunktion der Hinterräder automatisch zugeschaltet werden. Bei dieser Funktion werden zwei Teleskoprohre gegenläufig ausgeschoben und wieder eingezogen. Reicht das immer noch nicht aus, zum Beispiel bei extremen Hindernissen wie Wegeböschungen, wird nur die Vorderachse angetrieben und beide Teleskoprohre, die im Rahmen an der Hinterachse integriert sind, werden gleichzeitig ausgefahren und drücken so die Maschine nach vorne. In dieser Situation erzeugt das Gerät einen Schub von 30 Tonnen. Bei Geländeüberfahrungen (Kanten, Abbrüche, Gräben) wird die Bodenfreiheit der Hinterachse auf 1,7 Meter hydraulisch erhöht. Das erleichtert das Überfahren dieser Hindernisse, ohne daß die Maschine aufsitzt. Der Highlander wurde von einem Seilkranspezialisten entwickelt. Somit liegt auch sein Einsatzbereich im Gebirge, und hier oftmals in Kombination mit diversen Seilgeräten. Erste Praxistests mit Maschine Nummer 2 verliefen bis jetzt sehr positiv.

Nun werden für die Maschine Nr. 3 die Arbeitsverfahren weiter optimiert und auf die Maschine angepaßt. Mit diesem Highlander eröffnen sich hier ungeahnte Möglichkeiten. Bei der Konstruktion der ersten Maschine schwebte dem Erfinder Konrad vor, ein Gerät zu bauen, womit die Holzernte am Steilhang kostengünstiger wird, dabei aber zumutbare Bedingungen für den Fahrer herrschen. Sepp Konrad wollte neue Wege gehen, das war sein Ziel. Und in der Tat: Mit dem neuen Highlander sind nicht nur neue Wege gangbar, es geht mit der Maschine auch dann noch voran, wenn absolut kein Weg mehr vorhanden ist. Wobei Sepp Konrad ausdrücklich betont, daß es sich um keine „reine" Steilhangmaschine handelt. Man kann sie natürlich auch in der Ebene einsetzen. Die Vorteile einer Radmaschine sollten unbedingt erhalten bleiben. Selbstverständlich ist der Highlander vorzugsweise in unwegsamem Gelände einzusetzen. Hier kann er seine Vorteile glänzend ausspielen. Durch die Hundeganglenkung des Highlanders kann die in Fallinie arbeitende Maschine schräg über den Hang gefahren werden. Das ergibt eine enorme Sicherheit. Die Maschine kommt nicht in Schräglage und kippt nicht so leicht um.

Theoretisch gibt es bei dieser Maschine kein vorne und hinten. Man fährt den Hang hoch, dreht die Kabine mit der Endlosrotation um 180 Grad und fährt den Hang wieder herunter. Aber einigen wir

Prototypen und Spezialanfertigungen

uns darauf, daß dort, wo Schild und Seilmast sitzen, „vorne" ist. Mit dem zehn Meter reichenden Kran und dem Aggregat Woody 50 ist er einmal als Harvester tätig. Er kann aber mehr; Konrad nennt folgende Punkte, wobei alle Einsatzmöglichkeiten auch noch erweiterungsfähig sind:

1. Einsatz als Harvester im Hang und in der Ebene. Punkt und fertig. Das kann jede Standardmaschine auf dem Markt.

2. Einsatz als Seil- und Klemmbankschlepper. Das können andere auch.

3. Einsatz als Harvester, der das eingeschlagene Holz lang per Klemmbank zum Weg bringt und dort poltert oder zu Kurzholzsortimenten aufarbeitet.

4. Einsatz als Fäll- und Beschickungsmaschine im Hang. Hierbei wird vom Highlander das Holz im Hang eingeschlagen und an die Seilbahntrasse gelegt; unter Umständen sogar der Laufwagen mit automatischer Klemmvorrichtung beschickt. In diesem Arbeitsschritt wird sowohl der Laufwagen wie auch der Seilkran im unteren Hangbereich vom Highlander-Fahrer bedient.

5. Einsatz des Highlanders als „lebender" Anker des Tragseils. Das ist die absolute Innovation an diesem neuen Gerät. Der Highlander Nummer 3 ist für diese Einsätze bestens gerüstet. Denn auf dem Polterschild befindet sich mittig ein kurzer Mast für den Seilaus- und einlauf. Im Schild selbst ist eine 15 Tonnen Winde integriert. Hier passen zirka 80 Meter 22 Millimeter starkes Seil drauf. Diese Methode könnte die Seilkranarbeit im Hang revolutionieren, wie Sepp Konrad prophezeit. Der Montageaufwand für eine Seilbahn wird so auf ein Minimum reduziert. Der Highlander fährt den Hang rückwärts herunter. Ein Teil des Tragseils des Seilkrans oben am Weg, in diesem Fall des Mounty 4000, ist auf der Winde des Highlanders aufgespult. Zwischen Kippmast des Mounty und Seilmast des Highlanders befindet sich der Laufwagen, der recht einfach ausgeführt sein kann, da er nicht mehr seitlich zuziehen muß. Der Highlander arbeitet sich jetzt den Hang herunter. Dabei fällt er rechts und links der Gasse die Bäume und beschickt den Laufwagen. Dann erfolgt der Transport der Ganzbäume zum Mounty, der sie an der Gasse aufarbeitet und poltert. Beim Herunterfahren gibt sich der Fahrer des Highlanders Tragseil von seiner Winde. Der Arbeitsbereich beträgt so ungefähr 70 bis 80 Meter. Dann muß der Mounty-Fahrer oben am Weg Tragseil nachgeben, dieses spult sich der Highlander erst einmal wieder auf und beginnt weiter bergab zu arbeiten. Dieses Verfahren wurde nach Fertigstellung der Maschine von einigen Österreichischen Forstunternehmern erprobt. Ergebnisse sind bisher nicht bekanntgegeben worden. Die Länge des Hanges spielt bei dieser Methode übrigens keine Rolle, sie kann bis zu 1000 Meter und mehr betragen.

Sollte die Methode Nr. 5, die sich sehr erfolgversprechend anhört, in der Praxis so funktionieren wie Sepp Konrad sich das ausgedacht hat, könnte der Highlander die

Links: Diesen Hang schaffte die neue Maschine problemlos. Es handelte sich hierbei übrigens um lose aufgeschütteten Sand. Beide Teleskoprohre sind ausgeschoben.

Rechts: Hier wird der Highlander im „Hundegang" gelenkt. So läßt sich die Maschine quer zum Hang bewegen, ohne daß die Kippgefahr steigt.

Links: Die hinteren Stützen sind auf diesem Bild als „Notanker" ausgefahren.

Rechts: Der Highlander ist hier komplett abgestützt.

Seilarbeit im Hang wirklich revolutionieren. Es entfällt nicht nur der zeit- und kostenintensive Aufbau einer Seilbahntrasse, nein, es muß auch nicht mehr auf das Wetter Rücksicht genommen werden. Die zwei Arbeitsplätze, einer im Gebirgsharvester auf der Waldstraße, der zweite im Highlander bei der Arbeit im Hang, sind witterungsunabhängig. Ein kleines Problem zeichnet sich allerdings ab: Der Fahrer des Highlanders bedarf einer sehr guten Schulung; er muß nicht nur Harvester fahren können, sondern auch mit der Fahrtechnik des Highlanders bestens vertraut sein. Allein von seinem Können wird der Erfolg des Verfahrens abhängen.

Neue Klemmbank

Auch die Klemmbank wurde für Hangeinsätze modifiziert. Links und rechts vom Seilmast auf dem Polterschild sind hängend zwei Haken befestigt, die mittels Steckbolzen auch noch verlängert werden können. Die Haken sind schwenk- und drehbar aufgehängt und können somit fast allen im Hang auftretenden Scherkräften elegant ausweichen. Durch die zweigeteilte Klemmbank ist es außerdem möglich, zwei Sortimente getrennt voneinander zu rücken. Zusätzlich kann auch bei beladener Klemmbank mit der Winde gearbeitet werden, zum Beispiel beim Beiseilen.

Die Komplettmaschine

Gesteuert wird der Highlander aus einer neuen, modifizierten Kabine heraus. Die Kabine mit darüberliegendem Kran bietet immer optimale Sichtverhältnisse auf das Arbeitsfeld. Kran und Kabine haben eine Endlosrotation und eine Tilteinrichtung. Nach vorne kann um 25 Grad, nach hinten um 20 Grad gekippt werden. Kran und Kabine sitzen auf einem stabilen Drehkranz aus dem Baggerbau. Gesteuert wird die Maschine über ein Bus-System. Der Harvesterkopf, ein Woody 50 oder 60, wird von einem Konrad-System gesteuert. Hinter der Kabine sitzt der 230 PS starke Iveco-Sechszylinder-Motor mit angeflanschten Hydraulikpumpen für den Fahrantrieb sowie die Kran- und Prozessorhydraulik (zwei Pumpen, geschlossenes System für die Fahrhydraulik, eine Pumpe für die Betriebshydraulik). Eine Zahnradpumpe ist für Nebenfunktionen vorhanden. Der Hydraulikölvorrat beträgt 400 Liter, an Diesel sind 300 Liter an Bord. Der Kran ist eine Konrad Eigenfertigung, langt zehn Meter und hat innenliegende Schlauchführungen. Der Ausschub des Rahmens mit den Hinterrädern beträgt 2,0 Meter. Die an den Hinterrädern verstellbare Bodenfreiheit kann bis auf 1,7 Meter erhöht werden. Die normale Bodenfreiheit beträgt 70 Zentimeter. Gelenkt wird der Highlander auf der Straße über die Vorderachse. Im Gelände kann durch die Vorderräder, die Hinterräder alleine oder mit den Vorderrädern gemeinsam, oder mit der Hundeganglenkung gelenkt werden. Das Gewicht der Maschine beträgt 22 Tonnen. Ausgefahren hat die Maschine einen Radstand von 6,8 Metern, zusammengefahren beträgt er geringe 4,8 Meter. Breit ist die Maschine 2,9 Meter. Zusätzlich kann die Maschine durch zwei Stempel hinten abgestützt werden. Das wird aber nur in extrem kritischen Situationen eingesetzt. Das wirkt dann wie ein Anker. Bereift ist die Maschine mit 700er Nokian. Der Preis der vorgestellten Maschine liegt bei zirka 340.000 Euro.

Links: Die doppelte Klemmbank ist dreh- und kippbar gelagert. In der Mitte befindet sich der Seilmast, der auch als Tragseilanker dient.
Rechts: An der rechten Seite der Kabine befindet sich der Notausstieg. Hier sind auch die Klimaanlage und die Elektrik untergebracht.

Links: Der Highlander in hinterer „Ruhestellung".

Rechts: Der Motorraum mit Hydrauliköltank.

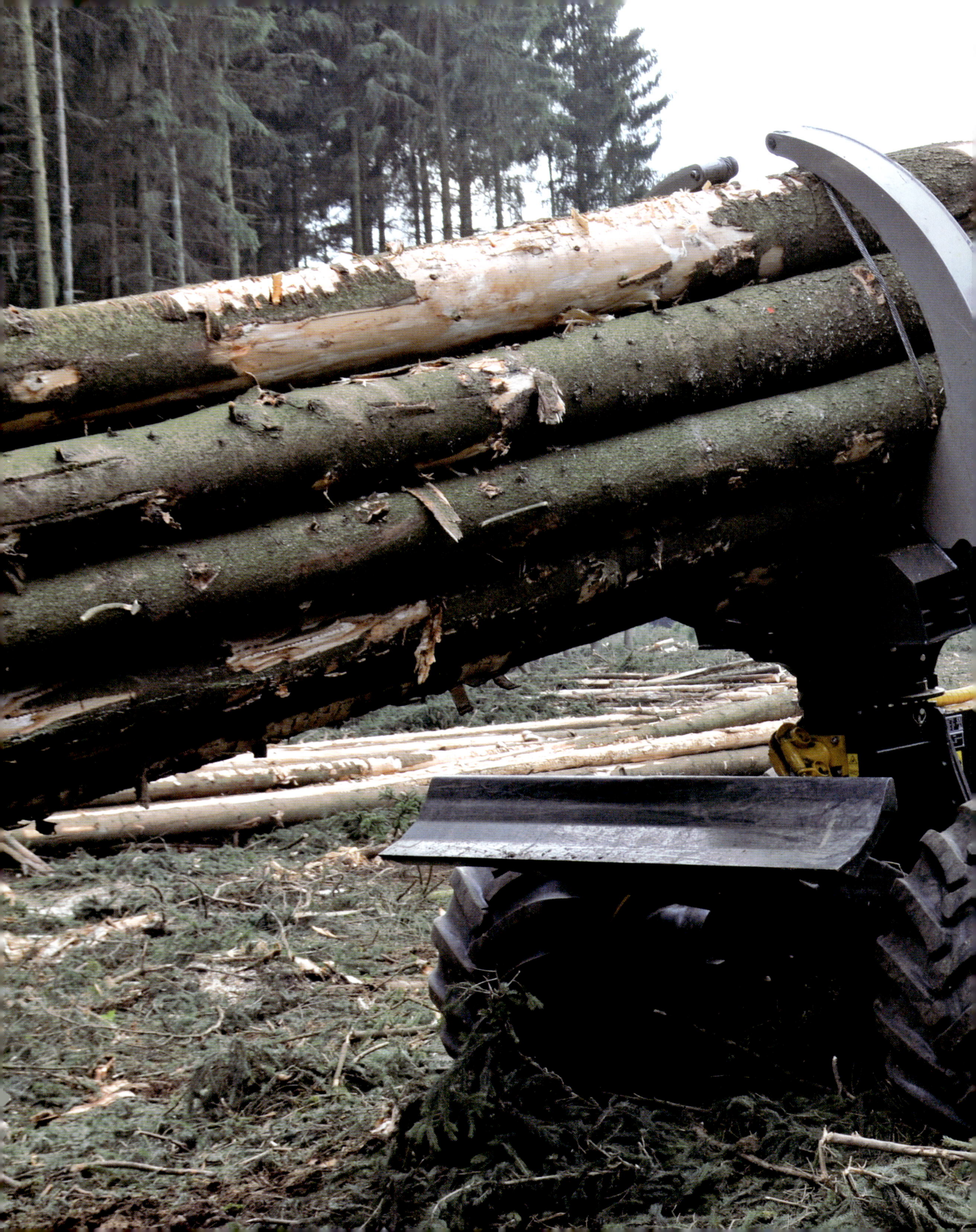

HIGHLANDER
www.forsttechnik.at
KONRAD
One step further.
Woody 60

Nur noch eine Maschine

Die Spritkosten kennen nur noch eine Richtung: nach oben! Der Forstunternehmer René Schroeder aus dem belgischen St. Vith sucht auch darum nach Möglichkeiten, die Kostenbelastung durch die immer höheren Kraftstoffpreise irgendwie auszugleichen. Um sich jetzt den Transport einer Maschine zur Arbeitsstelle zu sparen, schaffte er sich den mittlerweile stark modifizierten Highlander des Kärntner Unternehmens Konrad an. Der Highlander wird als Universalmaschine zum Fällen (Aufarbeiten) und Rücken (Langholz in der Klemmbank) eingesetzt (siehe Seite 54). Durch sein Fahrwerk ist der Highlander auch geeignet, in nassen Ecken und gerade am Hang wirtschaftlich zu arbeiten. Durch den Einsatz des Highlanders muß nur noch ein Maschinentransport zur Baustelle durchgeführt werden. Der Highlander, hier das Modell mit einer Bogieachse, arbeitet auf diesem Kahlschlag in Doppelfunktion als Harvester- und Rückemaschine.

Belgien ist ein Langholz-Land, darüber haben wurde schon oftmals berichtet. Aber auch in Belgien ändern sich mit der Zeit die Zeiten. So reagiert René Schroeder jetzt auf den Umstand, daß immer mehr kleine Flächen zu bearbeiten sind, mit der Anschaffung einer speziellen Maschine. Ganz neu im Betrieb Schroeder ist der Konrad Highlander in Sechsrad-Ausführung. Dieser Highlander ist mit einer Burger Klemmbank und einer Zwölf-Tonnen-Winde bestückt. 120 Meter Seil gehen auf die Winde; zum Abstützen der Maschine und auch zum Einsatz als Planierschild ist eine Bergstütze vorhanden. Ausprobiert wird die neue Maschine aus Kärnten erst einmal auf einem Kahlschlag in den Ardennen. Hier wird Langholz ausgehalten; die ganz dünnen Dinger gehen allerdings ins Drei-Meter-Industrieholz. Aber für diese großen Kahlschläge in Belgien ist diese Maschine nicht angeschafft worden. Sie wurde von René Schroeder gekauft, um die kleinen Schläge zu bearbeiten, dort, wo der Transport von zwei Maschinen, also Harvester und Rückemaschine, wegen des geringen Mengenanfalls nicht mehr lohnend ist. So spart Schroeder sich den Hin- und Rücktransport einer Maschine. Der Highlander soll auch im Hang und im sumpfigen Gelände eingesetzt werden. Er wird dort völlig autark arbeiten; weit entferntes Holz kann mit der Winde beigeseilt werden. Für die nassen Ecken sind Moorbänder für die Maschine vorhanden. Der Highlander ist natürlich durch seinen Radantrieb auch auf der Straße schnell umzusetzen.

In seinem ersten Probeeinsatz macht der Highlander schon mal einen guten Eindruck. Das starke Holz wird von manuell tätigen Forstwirten vorgefällt, dann kommt der Highlander zum Einsatz. In der Regel wird das Holz hier als Langholz ausgehalten. Der Fahrer arbeitet erst seit 20 Stunden auf dem neuen Highlander. Er hat sich aber schnell an die Maschine gewöhnt; er ist halt ein Profi. Die manuell vorgefällten Bäume arbeitet er vor der Maschine auf und erzeugt sich so aus dem Astmaterial eine dicke Reisigmatte. So kann der Highlander bei beiden Einsätzen, einmal beim Einschlagen, dann beim Rükken, bodenschonend auf dem Schlag bewegt werden. Das anfallende Holz, in der Regel Langholz, legt der Fahrer links und rechts neben der Reisigmatte ab. In diesem Versuchseinsatz schneidet er sich das Holz nicht sofort in die Klemmbank, das wäre ein zu großer arbeitstechnischer Aufwand. Schneller geht es, wenn das Langholz aufgearbeitet, dann abgelegt, und in einem zweiten Durchgang gerückt wird. Mit dem Aggregat Woody 60, das eine Greiferfunktion besitzt, wird das Langholz nach dem Aufarbeitungsvorgang konzentriert mit der Maschine gerückt und durch das Woody 60 in die Klemmbank gelegt. Die Einzugswalzen des Aggregates werden dazu einfach weggeklappt, und schon läßt sich mit dem Aggregat Holz greifen, verladen und auch poltern.

Schroeder hat sich auch für den Highlander entschieden, weil durch die Größe der Bereifung und die Bogieachse, über der die Klemmbank angeordnet ist, eine sehr bodenschonende Maschine zur Verfügung steht, denn auch in Belgien achten die Auftraggeber immer mehr auf den Bodenschutz. Der Highlander ist dazu extrem steigfähig durch ausschiebbare, heb- und senkbare sowie lenkbare Hinterräder. Die Bogieachsen mit der davor angeordneten Rahmenknicklenkung tun das Übrige dazu. Die tiltbare Kabine ist für diesen Einsatz ebenfalls sehr gut geeignet, denn sie ist auch um 360 Grad drehbar. So ist sie für die Aufarbeitung im Langholz ideal. Es kann vor, hinter, neben und quer über die Maschine hinweg sehr effektiv mit dem 10,8 Meter reichenden Kran gearbeitet werden. Für den Einsatz im Hang und in engen Durchforstungen ist diese Maschine durch die zwei Lenkarten sehr wendig. Mit dem Aggregat Woody 60 kann nicht nur aufgearbeitet werden, sondern durch die abklappbaren Rollen ist auch eine Greiferfunktion mit dem Aggregat möglich. So kann zum Beispiel mit dem Aggregat auch ein Trailer mit Holz beladen werden, gerade dann, wenn frisches Holz für Hackschnitzel gebraucht wird. Dann schickt Schroeder den Fahrer mit dem Highlander schon mal schnell ans Polter, damit ein Trailer zeitnah und unkompliziert beladen werden kann, wenn dem Werk sofort frisches Holz zugeführt werden muß. Das geht zum Beispiel mit einem „normalen" Harvester gar nicht. Für die ganz großen Kahlschläge wurde diese Maschine übrigens nicht angeschafft; dort kommt weiterhin die Kombination Harvester/Rückezug oder Skidder zum Einsatz. Mit dem Highlander werden die Nischen ausgefüllt. Wo früher zwei Maschinen mühselig hingekarrt werden mußten, soll das heute der Highlander in einem Durchgang erledigen. Das wird sich dann an der Kraftstoffrechnung bemerkbar machen.

Oben: Das Langholz wird rechts und links neben der Reisigmatte abgelegt.

Fotos links: Mit dem Aggregat Woody 60 kann nicht nur Holz aufgearbeitet, sondern auch gegriffen, verladen und gepoltert werden. Egal, ob Lang- oder Kurzholz.

Rechts: Die Klemmbank ist vollgeladen, das Polterschild hochgefahren, und der Fahrer hat sich die Kabine so hingedreht, wie er den besten Überblick hat.

Hier macht sich einer breit

Schon wieder eine neue Forstmaschine? Schon wieder in Schweden? Na gut, fahren wir also schon wieder mal nach Schweden ... Diesmal geht es in die Provinz Dalsland, südlich von Karlstad, in die Nähe der norwegischen Grenze. Hier hat ein Forstunternehmer (wer denn sonst?) einen neuen Harvester erfunden und gebaut. Dieser Harvester kann an der Vorderachse verbreitert und mit der Sprache gesteuert werden.

Torbjörn Ericsson und sein Vater Gösta Eriksson (man beachte die unterschiedliche Schreibweise der Nachnamen!) zeigen exklusiv für mich eine neue Maschine, die mir während eines beginnenden Schneesturms nahe der Ortschaft Fengersfors vorgeführt wird. Und zwar handelt es sich hierbei um einen Harvester, der hydraulisch über die Vorderachse verbreitert werden kann. Diese Verbreiterung dient in erster Linie der Standfestigkeit. Aber dazu kommen wir später. Der Harvester ist eigentlich ein Eigenbau, bei dem aber die Kabine von Gremo auffällt. Diese Kabine ist übrigens das einzige Bauteil, das von bekannten Maschinenherstellern in der Forstbranche zugekauft wurde. Torbjörn Ericsson und sein Vater leben südwestlich von Karlstad am Vänern-See. Gösta besitzt 350 Hektar Wald, Torbjörn allerdings nur 27 Hektar. Bei diesen 27 Hektar Wald sind jedoch zwei Seen dabei, die als hervorragendes Biber-Jagdrevier gelten. Schon vor 19 Jahren baute Torbjörn sich einen ersten Harvester auf Basis Gremo; von Gremo übernahm er den Rahmen und die Kabine. In diesen Rahmen baute er ein eigenes Hydrauliksystem ein, einen größeren Kran; als Motor setzte er einen Ford in das Gehäuse. Die Hydraulik bei dieser Maschine war von Linde, mit dieser Maschine arbeitet er übrigens heute noch, und das zur vollsten Zufriedenheit. Doch Torb-

Prototypen und Spezialanfertigungen 63

Die silbernen Stangen sind übrigens keine Hydraulikzylinder. Sie dienen der Stabilisierung; die Zylinder liegen innerhalb der Stangen.

jörn baute eine weitere neue Maschine: den T-Bear. Dieser Name setzt sich aus dem T vom Namen Torbjörn zusammen und da Björn, das auf schwedisch Bär heißt, machte er auf englisch einfach einen T-Bear davon. Auch eine Möglichkeit, den eigenen Vornamen zu verewigen. Zwei Besonderheiten zeichnen den T-Bear aus: Einmal die Radnaben an der Vorderachse, die verbreiterbar sind, und zwar nach jeder Seite um 30 Zentimeter, also insgesamt 60 Zentimeter Maschinenverbreiterung. Gebaut sind die variablen Achsnaben allerdings für eine Verbreiterung von 375 Millimeter auf jeder Seite. Aber die 30 Zentimeter pro Seite reichen völlig aus, sagt Torbjörn. Die Verbreiterung geschieht übrigens im verschiebbaren Radnabensystem. Die Achse der Maschine bleibt immer gleich lang beziehungsweise breit, sie ist starr, trägt aber außen die speziellen Naben, über die eine Verbreiterung beziehungsweise Zusammenziehung der Maschine erfolgt. Das System ist eigentlich ganz einfach zu erklären; Torbjörn hat ja auch nur schlappe drei Jahre darüber nachgedacht ... Er hat diese speziellen Naben in einer Gießerei anfertigen lassen. Der Preis dafür war dementsprechend. In seiner Werkstatt in Fengersfors liegen übrigens weitere Radnaben; das bedeutet vermutlich eine weitere neue Maschine. Schaun mer mal ... Es fällt sofort auf, daß bei diesem Harvester der Kran über der Einzelradachse sitzt, die Bogieachse hingegen unter der Kabine. Bei einer Sechsrad-Standardmaschine ist es bekanntlich immer andersherum. Aber Torbjörn sagt, daß es so besser funktioniert und ihm auch besser

Fotos oben: Der T-Bear auf volle Breite ausgefahren und wieder zusammengeschoben. Die Verbreiterung findet in der Radnabe statt.

Rechts: Erfinder Torbjörn Ericsson zeigt eine Radnabe, die per Hydraulikzylinder verschoben, und damit um 30 Zentimeter verbreitert beziehungsweise zusammengezogen wird.

gefällt. Bei voller Verbreiterung steht die Maschine sehr sicher und braucht auch kein Wasser in den Reifen. Die schweren Nabengehäuse in Verbindung mit der Breite reichen zur Stabilität völlig aus. Mit 710er Reifen ist die Maschine mit voll ausgefahrenen Achsnaben 3,53 Meter breit. Zusammengezogen beträgt die Breite 2,92

Meter, so kann der Harvester auf öffentlichen Straßen fahren, denn die Breite der Maschinen bewegt sich hier im Toleranzbereich unter drei Meter. Aber nicht nur die Stabilität beim Kraneinsatz ist bei dieser Maschine ein Vorteil. Die Hinterräder der Bogieachse laufen in einer anderen Spur als die Vorderräder. Das kann bei kri-

Die Motorhaube läßt sich bequem nach vorne ausziehen. Das macht im Schneesturm und ohne Handschuhe großen Spaß ...

Das Mittelgelenk ist sehr stabil gehalten.

tischem Boden, zum Beispiel bei nassen Ecken, bei der Befahrung hilfreich sein. Die Last wird auf einer größeren Fläche verteilt. Zum Verbreitern oder Zusammenziehen der Räder stützt der Fahrer die Maschine auf dem Logmer-Kran 1695 B ab. So sind die Hydraulikzylinder vom Gewicht der Maschine etwas entlastet; das schont das Material. Eine weitere Option ist folgende: Auch anstelle der Bogieachse wird eine Achse mit verschiebbaren Radnaben unter dem Motorwagen eingebaut. Das ergibt noch mehr Stabilität. Und die Maschine kann hydraulisch dann auch zwischen den Rädern seitlich verschoben werden. Die ersten Versuche lassen jedenfalls bestes für die Weiterentwicklung hoffen. Das Aggregat an der Spitze des 9,7 Meter reichenden Logmer-Krans ist ein Lako 550 4 wd. Vorne, also unter dem Kran, beträgt die Reifengröße 710/55-34 Trelleborg, auf der Bogieachse sitzen ebenfalls Trelleborg-Reifen der Größe 710/45-26.5.

Der Motor ist von Sisu, ein Vierzylinder Turbo Intercooler mit fünf Litern Hubraum und 120 PS. Das Drehmoment dieses Motors beträgt 750 Nm. Der Antrieb der Maschine erfolgt hydrostatisch, der Hydrostat ist von Linde, die Achsen von NAF. Der Hydrostat hat eine Pumpe mit einer Leistung von 135 Kubikzentimetern, die Hydraulikpumpe leistet 160 Kubikzentimeter und ist ebenfalls von Linde. Zwei weitere kleine Hydraulikpumpen sind installiert, eine für die Ölkühlung mit 16 Kubikzentimetern Leistung und eine für die Bremse mit fünf Kubikzentimetern Leistung. Drei Kühler für den Ölkreislauf sind vorhanden, die thermostatgesteuert sind. Ein Öltank ist für die Arbeitshydraulik vorgesehen, ein Tank für den Fahrantrieb. Insgesamt sind 300 Liter Hydrauliköl an Bord, ebenso beträgt der Kraftstoffvorrat 300 Liter. Alle Ölkreise sind mit Druck- und Rücklauffiltern ausgerüstet. Die Maschine ist übrigens nach dem Baukastensystem gebaut, sehr viele Bolzen und Schrauben sind identisch, sehr viele Teile sind am Rahmen angebolzt, so daß wenig Muttern gebraucht werden. So muß man auch nicht immer einen ganzen Werkzeugschrank mit in den Wald schleppen. Das Mittelgelenk des T-Bear ist sehr kräftig ausgeführt, es wurde übrigens auch von Torbjörn selbst gebaut. Ebenso der kräftige Rahmen. Der Computer in der Kabine steuert fast alles. Über einen Touchscreen sind sämtliche Befehle einzugeben. Der Bildschirm fällt übrigens mit seiner Größe von 20 Zoll sofort auf.

Völlig neu bei dieser Maschine ist die Sprachsteuerung. Torbjörn hat Probleme mit beiden Daumen, die vom langjährigen Waldarbeitseinsatz verknöchert und darum nicht mehr so beweglich sind. In den USA hat Torbjörn sich jetzt eine Sprachsteuerung gekauft, damit steuert er einige Harvesterbewegungen. Zum Beispiel den Kappschnitt. Er sagt dem System erst einmal, um was für eine Baumart es sich handelt. Er sagt es natürlich auf schwedisch. Für Fichte also „Gran". Dann gibt er manuell den Befehl zum Fällen ein. Zum Schneiden sagt er „kapa", und der Harvester schneidet das Holz auf Länge. Dieser Spracherkennungscomputer ist völlig frei programmierbar. Die Anpassung der Maschine an die Sprachsteuerung ist allerdings ein schwieriges Kapitel. Die Nacht vor meinem Besuch hat Torbjörn bis drei Uhr morgens gearbeitet, probiert und eingestellt. Jetzt haut die Sprachsteuerung bei dem ersten Befehl endlich hin, davon konnten wir uns im schwedischen Schneesturm überzeugen.

In der Kabine befinden sich Schalter und Knöpfe nur neben den Joysticks am Fahrersitz, oder die Funktionen werden am 20 Zoll Touchscreen des Computers eingegeben. Die einzigen Knöpfe, die sich in der Kabine nicht an den Joysticks befinden, sind die Knöpfe der automatischen Sicherungen. Die Tastatur des Computers ist aus Edelstahl und an der Seite der Kabine eingebaut. Computer und Tastatur sind nach IP 65 klassifiziert, das ist ein sehr hoher Industriestandard für Prozessortechnik. Hier kann ruhig mal eine Tasse Kaffee rübergeschüttet werden, das schadet weder Tastatur noch Computer. Der Computer ist ein Micron, die Maschinensteuerung geschieht über „Canmaster" von Hydratronics. Die Maschine wiegt wie vorgestellt 17,6 Tonnen ohne Aggregat – und ohne Wasser in den Reifen ... Die Bodenfreiheit beträgt 55 bis 56 Zentimeter. Die Bogieachse ist übrigens hydraulisch zu heben, das hilft beim Einfahren in den Berg, beim Wenden beträgt der Innenkreisdurchmesser somit nur 3,30 Meter. Mittlerweile ist die neue Maschine auf der Skogs Elmia, der „kleinen" Elmia, vorgestellt worden und kam beim Publikum gut an.

Dieser Skidder ist einmalig

Bei sehr vielen Forstunternehmern schlummern in Garagen, Werkstätten und Abstellräumen manche technischen Kostbarkeiten, die erst einmal entdeckt werden müssen. So wie zum Beispiel der Lokomo-Skidder des Unternehmens Brands aus Krefeld/Kempen. Der Lokomo 929 Rückezug/Skidder wurde Ende 1981 von einem Sechsrad-Rückezug zum Vierrad-Skidder umgebaut. Warum dieser Umbau? Nun, für Spezialeinsätze wurde eine überaus starke Seilmaschine gesucht, die eine sehr hohe Bodenfreiheit haben und dazu auch über eine starke Doppeltrommelseilwinde verfügen sollte. Vom Auftraggeber wurde auch gewünscht, daß die Kraft über entsprechend große Räder auf den Boden gebracht wird. Ein passender Rückezug, der als Basismaschine für so einen gewaltigen Umbau geeignet war, war schnell gefunden. Der Lokomo Rückezug 929 war ein Frontlenker und zählte zu der Zeit zu den ganz großen Rückezügen in Europa, war also vom Rahmen her schon mal sehr gut geeignet. Er lief auf Vorderreifen der Größe 23.1-34 im Forstamt Schmallenberg und wurde für den Neubau eines Superskidders hergegeben. Den Neubau dieser Maschine machte die Firma Henkelhausen in Krefeld. Henkelhausen ist ein Landmaschinenbetrieb und vertritt Deutz. Und da der Lokomo einen Deutz Sechszylinder-Turbomotor mit 170 PS Leistung hatte, war Henkelhausen ja prädestiniert, die Umbauarbeiten durchzuführen. Der Lokomo Rückezug wurde erst einmal vom Hinterwagen komplett befreit, denn der Hinterwagen war schon auf einer Bogieachse befestigt. Bei Lokomo in Finnland wurde dann eine zweite Vorderachse gekauft, die jetzt als Hinterachse dienen sollte. Bei den Achsen handelt es sich um Portalachsen, denn damit läßt sich die Bodenfreiheit auch noch mal erhöhen. Um die Hinterachse herum wurde ein neuer Rahmen gebaut; in den Rahmen kam eine zwei mal zwölf Tonnen Ritter Winde mit einer HBC-Funksteuerung. Die Bergstütze war hinten angehängt, die Führung der Bergstütze war von einem schweren Gabelstapler, so daß sie sich senkrecht hob und senkte. Um schweres Holz im 90-Grad-Winkel aus dem Steilhang heraufzuseilen, war eine Pratzenabstützung vorhanden. Das verhinderte, daß die Maschine von der Kraft der Seilwinde auf die Seite geschmissen wurde. Und Kraft hatte diese zwei mal zwölf Tonnen Winde, die auf einen hydraulischen Antrieb ausgelegt war. Vor dem Motor des Lokomo wurde eine Sauer-Hydraulikpumpe angeflanscht, die mit ihrer Ölmenge den Windenmotor antrieb. Die Bodenfreiheit bei dem Gerät ist übrigens sehr hoch, vorne sowie hinten sind es weit über 70 Zentimeter, unter dem Knickgelenk sind es fast 90 Zentimeter. Beide Achsen sind übrigens auch automatisch zu sperren und ständig ein paar Prozent vorgesperrt; das ist bei Kurvenfahrten besonders deutlich zu bemerken. Gerückt wurden mit dem Umbau sehr starke Eichen und Buchen, die zum Teil mit Ästen und Kronen komplett aus den hängigen Beständen herausgeseilt wurden. Auch in der Flächenräumung wurde die Maschine eingesetzt. Dazu wurde in die Fronthydraulik ein Wahlers-Räumfix gehängt. Durch die Sitzposition beim Frontlenker hatte der Fahrer natürlich eine erstklassige Übersicht. Als die staatlichen Maschineneinsätze beendet waren, kaufte das Unternehmen Theo Brands und Söhne aus Krefeld die Maschine. Dort wurde sie beim Rücken von starken Pappeln eingesetzt. Denn die Brüder Ernst und Theo Brands sahen einen großen Vorteil bei dieser Maschine: Durch den langen Radstand des Lokomo war der Einsatz im nassen Gelände von großem Vorteil. Denn in den Pappelbeständen, in denen sie arbeiteten, konnten sie mit einer Maschinenseite immer auf den Wurzelstöcken und -ausläufen der Pappeln fahren, denn nur darauf fand der Fahrer mit seiner Maschine soviel Halt, daß die Maschine nicht immer versackte. Nach einigen Jahren Einsatz bei Brands brannte der Lokomo dann leider aus. Das war übrigens jetzt die Gelegenheit, um einen leistungsstarken Rückekran aufzubauen. Der sieht zwar heute etwas unkonventionell aus, bringt aber seine Leistung, wie uns René Brands, der Enkelsohn des Firmengründers Theo Brands, erzählt. Da der Motor des Lokomo vom Brand in Mitleidenschaft gezogen wurde und einen Riß bekam, kam ein neuer Deutz Motor zum Zuge, der aber nur noch 148 PS Leistung hatte. Heute wird die Maschine ab und zu auf großen Kahlschlagflächen eingesetzt. Der Skidder bekommt bei Brands sein Gnadenbrot und steht in der Betriebshalle in Kempen warm und trocken. Nur noch zu besonderen Gelegenheiten wird der Skidder herausgeholt und Interessenten gezeigt.

Prototypen und Spezialanfertigungen

Am langen Arm

Im privaten Hafen Luck am Rhein-Herne-Kanal bei Kilometer 42,7 stehen zwei Liebherr Hafenportalkräne zum Löschen und Beladen von Schiffen mit vorwiegend Schüttgütern aller Art zur Verfügung. Die Hafenmole mit einer Länge von 180 Metern bietet auch größeren Schiffen gute Anlegemöglichkeiten. Heute werden die beiden Liebherr-Kräne nicht benötigt, denn ein Binnenschiff wird mit der Müller-Verlademaschine mit Langholz beladen. An diesem Tag sollen 1.200 Festmeter umgeschlagen werden.

Das Binnenschiff „Juergen Pascale" des Schiffseigners Jürgen Maier aus Brohl am Rhein faßt ungefähr 1.200 Festmeter von diesem trockenen Stammholz. Das Holz stammt aus Käfereinschlägen und wurde aus einem Radius von zirka 50 Kilometer um Castrop-Rauxel herum per Lkw in den Hafen transportiert. Über den Rhein-Herne-Kanal wird das Holz dann weitertransportiert mit dem Zielhafen Freistett bei Baden-Baden in Baden-Württemberg. Die Beladung des Schiffes hat die Firma Müller aus Eslohe übernommen, ebenso wie einen Teil des Holztransports vom Wald in den Hafen. Hier arbeitet Müller in Kooperation mit der Firma Boor aus Lüdinghausen. Fast jede Woche belädt Müller ein Schiff. Zur Zeit ist Schiff Nummer fünf dran, sieben Schiffe sollen es insgesamt werden. Es handelt sich hierbei um Langholz in zum Teil starken Dimensionen, 2B bis 3B. Drei Längen gehen hintereinander auf das Schiff. Da es sich bei der Fichte um Käferholz handelt, also etwas leichteres Holz, weil zum Teil schon trocken, kann über die Ladebordwand (über Deck) hinaus geladen werden. Tausend Tonnen Last kann der Schiffer mitnehmen, bei mehr Gewicht hat das Schiff allerdings einen zu großen Tiefgang.

Oben: Die gezahnte Stammablage auf der hinteren Abstützung ist bei der Schiffsbeladung sehr hilfreich.

Unten: Mit Hilfe der Abstützungen kann die Maschine seitlich versetzt werden, ohne daß der Fahrer die Kabine verlassen muß.

Die Lademaschine von Müller-Eslohe reicht in voller Länge über den Sattel. Lademaschine und Lkw müssen für den Beladevorgang auf den engen Waldwegen im Sauerland jetzt nicht mehr nebeneinander stehen.

Für den schnellen Güterumschlag hat Ferdinand Müller seine neue Verlademaschine hier eingesetzt. Es ist mittlerweile die vierte Maschine, die Müller für die professionelle Holzverladung hergestellt hat. Mit dieser Maschine kann nicht nur Kurzholz verladen werden, sondern auch Langholz. Das ermöglicht der Jonsered 2990 mit seiner Reichweite von 13,7 Metern. Bei dem Jonsered 2990 handelt es sich um einen sogenannten B5-Kran. Diese Berechnungsstufe sagt, daß er für den harten Dauereinsatz geeignet ist.

Die Verlademaschine hat eine Besonderheit, nämlich das Verladen des Langholzes auf den Lkw, ohne neben dem Lkw stehen zu müssen. Man steht mit der Lademaschine auf dem Waldweg vor dem Langholz-Lkw und lädt dabei das Langholz über das Lkw-Fahrerhaus auf den Lkw. Bei der Kurzholzverladung steht der Verlader hinter dem Kurzholz-Lkw. Diese Verlademaschine ist speziell für die Verhältnisse im Sauerland entwickelt worden, denn die Forstwege im überwiegend bergigen Gelände weisen sehr wenig Platz auf. In den seltensten Fällen können zwei Lkw nebeneinander stehen, wie es bei der Fremdbeladung ja eigentlich üblich ist. Darum konstruierte Müller diese Verlademaschine mit der gewaltigen Reichweite. Bei der Basismaschine handelt es sich um einen Scania R380, also einen 380 PS starken 6x6. Das reicht für schlammige Waldwege und auch harte Gebirgseinsätze. Der Jonsered bezieht sein benötigtes Öl von zwei Leduc-Pumpen mit einer Leistung von zusammen 300 Litern in der Minute. 600 Liter Hydrauliköl sind als Vorrat an Bord. Die Pumpen werden über ein zuschaltbares Pumpenverteilergetriebe am Nebenabtrieb des Verteilergetriebes angetrieben. Eine weitere Pumpe ist für die Nebenverbraucher wie Ölkühler, Klimaanlage und die geplante Bergewinde vorhanden. Sollten jetzt durch irgendeinen Umstand beide großen Kranpumpen ausfallen, kann der Fahrer die kleine Pumpe in den Kreislauf einschalten. So kann er den Kran weiterhin bewegen und zusammenfalten, um in die Werkstatt zu fahren. „Das soll zwar nicht vorkommen, kann aber mal passieren", sagt Ferdinand Müller, und gibt zu bedenken, daß das eine gute Lösung ist. Gerade wenn ein Schiff zur Beladung im Hafen liegt, ist Zeit bares Geld.

Der Fahrer kann aus der Kabine heraus den kompletten Lkw fahren, also im ersten Gang vorwärts sowie im Rückwärtsgang. Auch präzise Lenkbewegungen sind aus der Krankabine heraus möglich. Für die Krankabine gibt es eine Klimaanlage und auch eine Standheizung. Zur Ermittlung des Ladegewichts kann die Verlademaschine auf Wunsch mit dem Kranwiegesystem Loadmaster 2000 ausgerüstet werden. Der Fahrer kann die Abstützungen aus der Krankabine heraus steuern und das seitliche Versetzen ebenfalls sehr gut von dort oben kontrollieren. Denn durch die Abstützungen ist es möglich, hydraulisch zur Seite „zu gehen". So kann er auf schmalen Waldwegen mal eben den beladenen Lkw vorbeilassen. Die Stützweite der Maschine beträgt 5,25 Meter, die Krankabine ist 1,10 Meter hydraulisch höhenverfahrbar.

Das Holz rutscht über die Stammablage in den Schiffsbauch

Jetzt, zur Schiffsverladung mit Langholz, montierte Müller eine Stammablage auf das hintere Stützbein. Hierauf legt er sich einen Stamm bis zum Schiffsboden, über den er dann die weiteren Stämme auf den Schiffsboden rutschen läßt. So vermeidet er Dellen und Beschädigungen an Schiffswand und -boden durch unkontrolliert herabfallende Stammenden. Auch bei der Schiffsverladung kommt die gewaltige Reichweite von 13,7 Meter der Effektivität des Verladevorgangs zugute. Der Fahrer kann mit dem Kran fast jeden Winkel des Schiffsbauches erreichen. Somit lassen sich die doch manchmal sehr dicken Stämme gezielt und sicher ablegen. Speziell für die Schiffsverladung experimentiert Ferdinand Müller zur Zeit mit einer Kamera am Kran, um beim Eintauchen mit dem Kran in den Schiffsbauch tote Winkel auszuschließen. Zur Zeit weist noch ein Mitarbeiter den Kranführer ein.

Funkferngesteuerter Hacker

Der schwedische Unternehmer Peter Stark hat sich ein interessantes System für den Hackereinsatz ausgedacht. Ein Erjo-Trommelhacker, der auf einem gebrauchten Harvester-Fahrgestell aufgebaut wurde, wird per Funk gesteuert. Bedient wird der Hacker von der Rückezugkabine oder vom Lkw-Führerhaus aus. Ein sehr effektives System, das noch erweiterungsfähig ist und variable Einsätze erlaubt. Mehrere Rückezüge mit Hochkipp-Containern (Shuttles) können sich ebenso wie mehrere Lkw am Hacker bedienen. Dieses System ähnelt doch stark dem System Besten und Kuriren (Seite 10) und zeichnet sich ebenso wie dieses durch mehrere Einsatzmöglichkeiten aus.

Peter Stark (40) aus Vårgårda in Västergötland ist Hackerunternehmer und hat in seinem Betrieb fünf Hacker laufen. Einer davon ist auf einem Lkw aufgebaut, drei Hacker sind auf Forwardern montiert. Als weitere Betriebsausstattung gibt es vier Rückezüge, die mit Hochkippcontainern als sogenannte Shuttles ausgerüstet sind. Ein Harvester läuft im Betrieb, dazu ein Lkw für den Kurzholztransport und ein Lkw für den Containertransport. Das Einsatzgebiet von Starks Flis AB geht im Süden von Ljungby über Halmstad an der Westküste bis hinauf nach Trollhättan im Norden. Zu 90 Prozent hackt er Reisig und Kronenmaterial, der Rest setzt sich aus Rundholz zusammen. Fast alles Material wird vor dem Hacken auf Polter am Weg gefahren, dort mit Planen abgedeckt und nach einigen Monaten Trocknungszeit gehackt. Pro Jahr erzeugt Stark ungefähr 250.000 bis 300.000 Schüttraummeter. Jetzt benötigte er einen Großhacker für Starkholz. In dieser Leistungsklasse konnte der Hacker allerdings nur auf einen Lkw oder einen Forwarder montiert werden. Dann wäre ihm das Gesamtgewicht des Fahrzeugs mit etwa 40 Tonnen allerdings zu hoch, so Stark. Darum kam er auf eine interessante Idee. Er dachte sich eine Lösung aus, die von der Firma LL-Maskiner in Ljungby realisiert wurde.

Aus Deutschland wurde über Peters Forstmaschinen in Karlstad ein gebrauchter Skogsjan Sechsrad-Harvester mit Baujahr 1996 und 11.000 Stunden auf der Uhr gekauft. Oberwagen, Kabine und Kran wurden entfernt, bis der nackte Rahmen mit den Achsen übrigblieb; der Fahrantrieb und die Lenkhydraulik wurden wiederverwendet. Das Hackaggregat vom Typ Erjo 1290 hat einen Einzug von 90 x 90 cm. Als Zusatzausstattung besitzt der Hacker zwei zusätzliche Rollen im Aufgabetisch. Nach-

Links: Mit dem Kran des Rückezuges/Shuttle wird der Hacker beschickt.

Rechts: 35 Kubikmeter passen in den Shuttle, hier beim Überkippen.

Filmstreifen unten: Der Hackvorgang ist beendet, der Hacker wird per Funk hinter den Rückezug dirigiert und folgt diesem wie ein Hündchen seinem Herrn ...

träglich hat Peter Stark vor den Hauptwalzen noch zwei stehende Rollen eingebaut. So bekommt er das oftmals sehr sperrige Reisigmaterial besser in den Einzug hinein. Angetrieben wird der Hacker von einem V 8 Scania mit 16 Liter Hubraum und 580 PS. Der Motor ist turboaufgeladen mit Intercooler. Durch das Harvester-Fahrgestell mit den Rädern an hydraulischen Pendelarmen ist der Hacker sehr geländegängig und gleicht Geländeunebenheiten aus. Zum Service und Messerwechsel hat Stark sich etwas besonderes ausgedacht. Ein Hydraulikzylinder hebt den Motor etwas an, der hinten drehbar gelagert ist. Die Riemenscheibe sitzt dabei auf einer elastischen Gummiwelle. So werden die Riemen durch das Anheben des Motors problemlos gelöst. 600 Liter Kraftstoff sind an Bord, der Hydraulikölvorrat beträgt 100 Liter. Der Hacker wird in allen Funktionen von der Rückezugkabine oder dem Lkw aus gesteuert. Vorne am Hacker ist eine Kamera installiert, so kann der Hakker vor dem Rückezug herfahren und trotzdem sieht der Fahrer ausgezeichnet. Zum Betrieb am Reisigpolter stellt sich erst der Rückezug/Shuttle in Position. Dann fährt der Fahrer den Hacker per Funk in Arbeitsstellung und das Hacken kann losgehen. Beladen wird der Hacker vom Kran des Rückezugs. Innerhalb weniger Minuten hat der Fahrer sich den 30 Kubikmeter fassenden Container auf dem Rückezug vollgeblasen und fährt dann die Hackschnitzel zu einer Übergabestelle, an der die Leercontainer stehen. Das ist eine effektive und schnelle Lösung, die auch für einen zweiten Shuttle interessant wäre. Je nach Entfernung zum Containerplatz könnten sich zwei Shuttle am Hacker bedienen. Auch auf den berühmten skandinavischen Kahlschläge kann dieses Verfahren effektiv eingesetzt werden.

In einer weiteren Variante wird der Hacker direkt am Container plaziert, und das zu hackende Material wird per Lkw oder Rückezug dorthin gebracht. Für diese Arbeit ist der Rückezug mit einer Vorrichtung zum Komprimieren des Reisigs ausgerüstet. Das geht über hydraulisch zu bewegende Rungen, die das Reisig- und Kronenmaterial auf der Ladefläche zusammendrücken. Komprimiert bekommt Peter Stark soviel Reisig auf seinen Valmet 860.1, daß er daraus knapp 35 Schüttraummeter hacken kann.

Der Hacker hat insgesamt 2,5 Millionen Schwedenkronen gekostet. Drei Meter breit und 5,5 Meter lang ist die Maschine und weist ein Gesamtgewicht von 19 Tonnen auf. Zum Transport auf längeren Strecken hängt Peter Stark den Hacker hinter den Rückezug oder den Lkw. So kann der Hacker bis zu einer Geschwindigkeit von 35 km/h auf der Straße bewegt werden. Dazu werden die Radmotoren und die Lenkung freigestellt, in die sogenannte Schwimmstellung. Zum Ankuppeln fährt er sich den Hacker per Kamera hinter den Rückezug, präzise und genau. Der Hacker folgt der Maschine dabei wie ein braves Hündchen seinem Herrn.

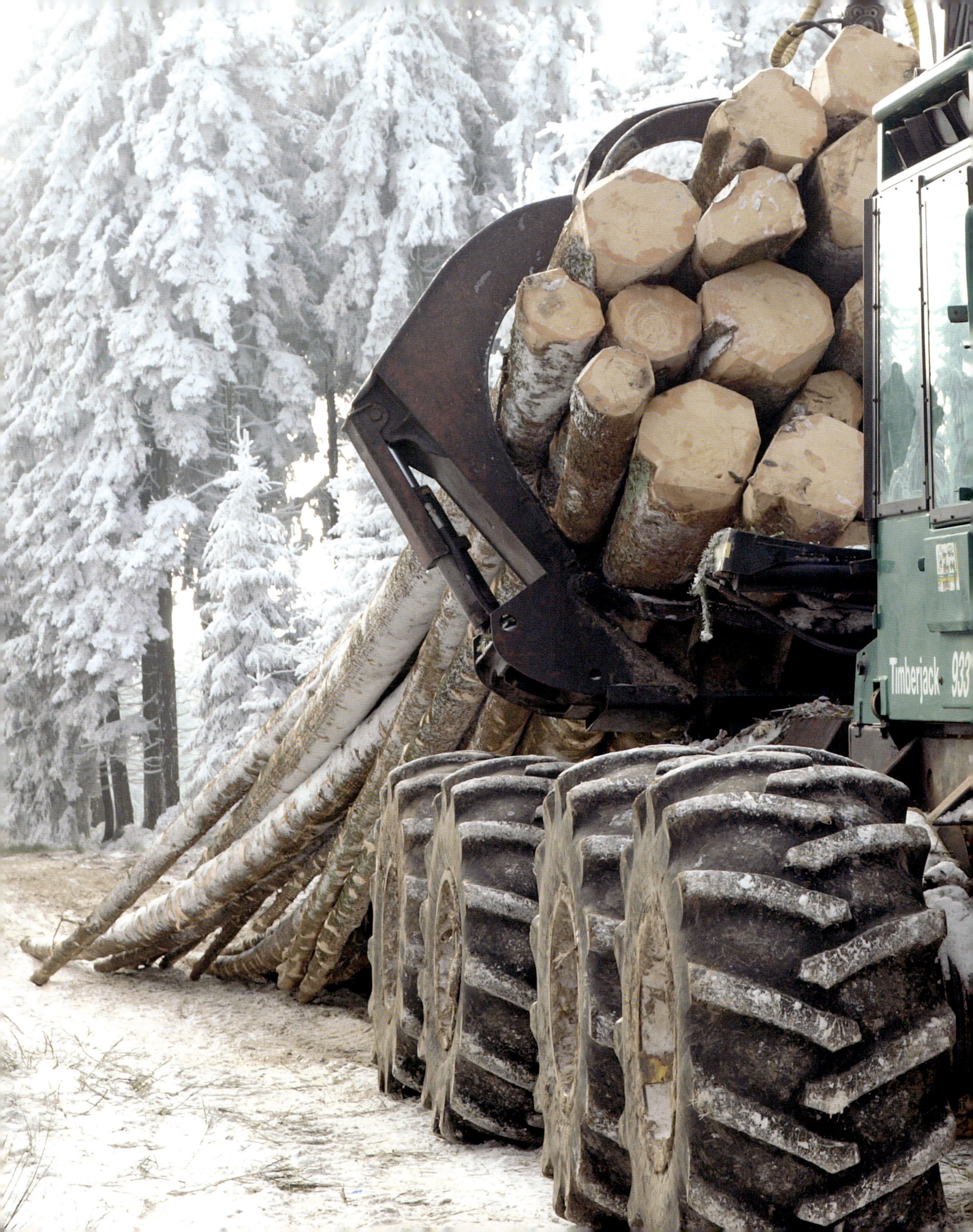
Timberjack 933

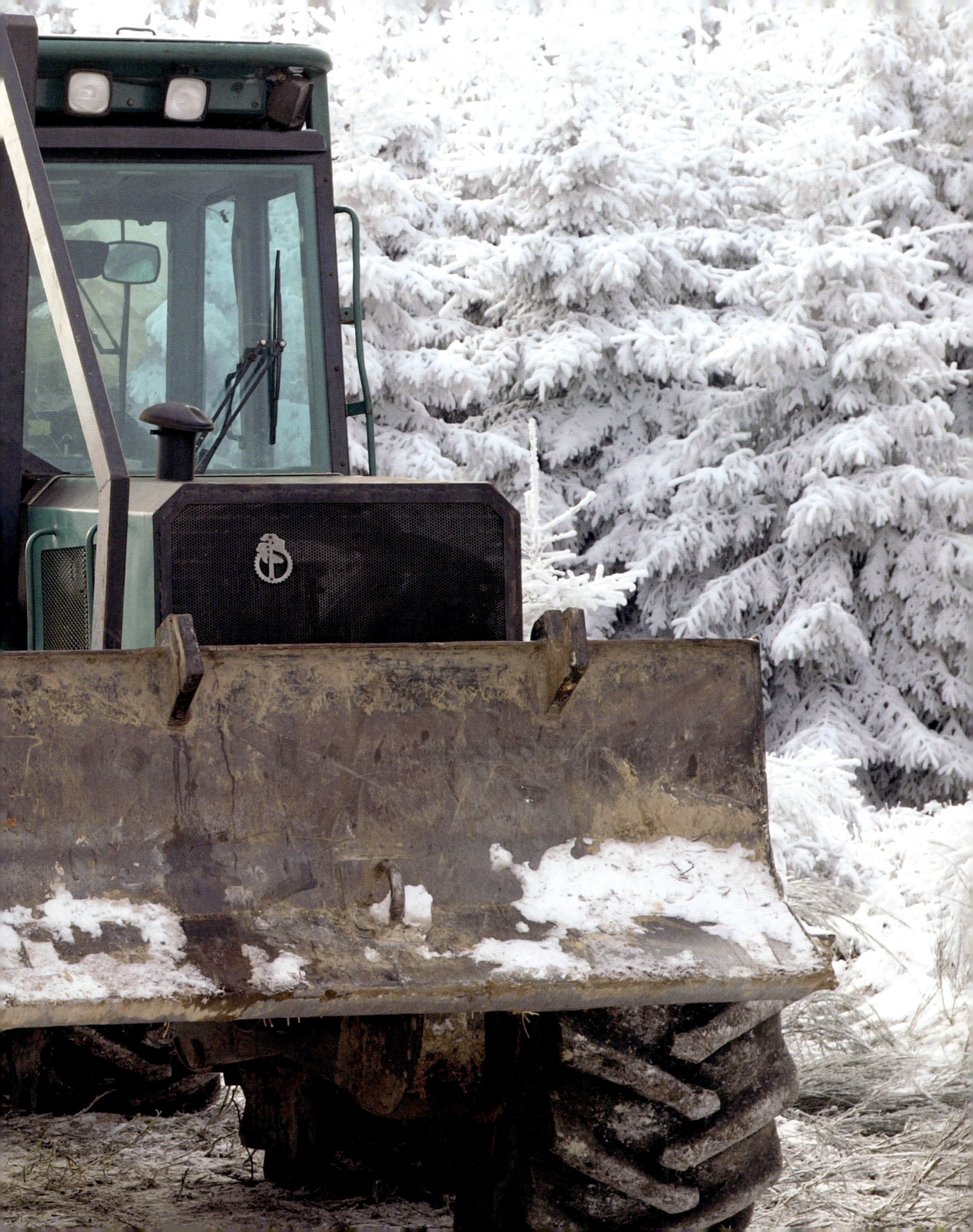

25 Festmeter in der Klemmbank

René Schroeder aus St. Vith in Belgien hat in seinem Forstunternehmen eine Maschine im Einsatz, um die ihn vermutlich jeder Forstmaschinenkenner beneidet: den Lokomo 933C Klemmbankschlepper. Am Vorderwagen steht zwar „Timberjack 933D", das aber nur, weil die Kabine durch einen Brand beschädigt war und darum durch eine Kabine des baugleichen Timberjack 933D ersetzt wurde. Der Lokomo wurde im finnischen Rauma Repola-Konzern hergestellt. 1989 kaufte Schroeder die Maschine in Tampere direkt beim Hersteller. Allein der damalige Prospekt über den Lokomo war schon ein „Gedicht", ein kleines Kunstwerk, das jeden Forstmaschinenfanatiker begeisterte – und heute noch begeistert!

Der Lokomo 933C war eigentlich für die großen Holzmengen in Kanada, Amerika und Rußland vorgesehen. In Mitteleuropa läuft unseres Wissens heute nur noch die Maschine von René Schroeder. Und das jetzt mittlerweile über 20 Jahre lang zur vollsten Zufriedenheit seines Besitzers. Zur Zeit (Januar 2010) wird der Lokomo auf einem Kahlschlag im Venn, im Moor, eingesetzt. Hier hat Schroeder insgesamt 32 Hektar Kahlschlag angenommen. Vom Einschlag, über das Rücken bis hin zum Transport ins Werk: also alles in einer Hand. Dazu kommt noch die spätere Flächenräumung mit dem Bagger und dem Roderechen. Insgesamt werden auf dieser Fläche zirka 12.000 Festmeter zusammenkommen.

Alles Holz wird lang ausgehalten; vom 0,3 Festmeter fassenden Stamm bis hin zum drei Festmeter starken Baum. Die Bestände auf diesen Flächen sind ungefähr 80 Jahre alt. Ein Zuwachs findet hier kaum noch statt. Das liegt am moorigen Untergrund, so genau weiß das aber niemand, jedoch vermuten es alle Beteiligten. Darum werden diese Bestände jetzt abgetrieben und danach soll gepflanzt werden. Diese Art Forstwirtschaft mit großflächigen Abtrieben mag für deutsche Förster gewöhnungsbedürftig sein, aber der Erfolg einerseits und andererseits die super gepflegten Bestände geben den Belgiern hier schon wieder mal Recht. In der Tat, wenn man diese Arbeitsausführungen, angefangen beim motormanuellen Einschlag, über das Aufarbeiten mit dem Baggerharvester bis hin zum Rücken mit dem Lokomo beobachtet, spürt man gerade als Deutscher, der mit engen (und zum Teil unsinnigen) forstlichen Regeln zurechtkommen muß, daß die Forstwirtschaft auch Spaß machen kann. Und daß der Profit stimmt, wollen wir gerne glauben. Der Profit stimmt hier aber nicht nur für den Forstunternehmer, der bei solchen Mengen natürlich dementsprechende Zugeständnisse beim Preis machen muß. Nein, der Profit stimmt auch für den Waldbesitzer. Denn der Waldbesitzer erlöst für sein Holz jetzt soviel, daß er durch die etwas niedrigeren Erntekosten die Neuanpflanzung fast schon mitfinanziert bekommt. Die Leistung auf dieder Forstwirtschaft warteten nicht bis zur Hiebsreife, sondern schlugen zum Teil schon 40jährige Bestände großflächig herunter. Man brauchte Holz und holte es sich ohne Rücksicht auf Verluste. Und der „Erfolg" dieser Maßnahmen ist das neue Gesetz, das jetzt die Kahlschläge auf eine Größe von fünf Hektar beschränkt.

Rigorose Ausbeutung des Stammes

Der Auftrag, den Schroeder hier abarbeitet, stammt allerdings noch aus der Zeit vor dem neuen Gesetz. Darum kann er diese 32 Hektar heute noch kahlschlagen. Die Auftraggeber legen großen Wert auf eine saubere Aufarbeitung und eine rigorose Ausbeutung des Stammes. Das bedeutet in Belgien auch, daß grundsätzlich manuell und sehr tief abgestockt wird, die Wurzelanläufe beschnitten werden und bis mindestens acht Zentimeter Zopf aufgearbeitet werden muß. Drei manuell tätige Forstwirte sind auf dieser Fläche eingesetzt. Zügig gehen die Fällarbeiten voran. Es darf auch nicht kreuz und quer gefällt werden, sondern die Stämme müssen parallel zueinander liegen, um auch beim Aufschlagen auf den Boden einen Holzbruch zu vermeiden. Auch kann der Harvesterfahrer die Stämme dann besser anfassen und bei sehr viel Reisiganfall die Lage des gefällten Baumes exakter „erahnen". Das hilft ja auch, Zeit zu sparen, denn auch hier bedeutet Zeit Geld, so wie überall in der Forstwirtschaft. Rotfäule ist hier übrigens kaum festzustellen. Trotz des ungeeigneten Standortes sieht das Holz eines jeden Stammes sehr gesund aus. Nur der Zuwachs fehlt hier leider. Vor Arbeitsbeginn weiß Schroeder übrigens sehr genau, wieviele Festmeter bei diesem Auftrag anfallen, denn der zuständige Förster hat jeden Baum auf der Fläche, aber auch wirklich jeden einzelnen Baum, gekluppt, vermessen und mit dem Handbeil (!) angeschalmt, wobei die Höhe des Baumes immer geschätzt wird. Jeder einzelne Baum wird dann in eine Liste eingetragen; nach dieser Liste kauft der Holzhändler das Holz, also den kompletten Bestand – und bezahlt das Holz auch nach dieser Liste. Fällt nach dem Einschlag dann etwas weniger Holz an, als er schon bezahlt hat, hat er einfach Pech gehabt. Geld zurück gibt es nicht. Fällt mehr Holz an, hat er natürlich Gewinn gemacht, denn nachbezahlt wird auch nicht.

sen Flächen ist aber auch gewaltig, dafür steht einmal das eingesetzte Material, aber auch der Name René Schroeder. Schroeder ist in Europa und sogar darüber hinaus für seine exzellente Arbeitsvorbereitung und die sich dadurch ergebenden Leistungen auf den Flächen bekannt.

In Belgien betreibt man problemlos die Kahlschlagwirtschaft, allerdings gibt es jetzt ein neues Gesetz im Lande: Die sogenannten Grünen haben sich durchgesetzt, und man darf jetzt nur noch fünf Hektar am Stück kahlschlagen. Zwischen zwei Kahlhieben muß mindestens ein fünfzig Meter breiter Streifen Wald stehenbleiben. Schroeder sagt uns im vertraulichen Gespräch, daß er dieses Gesetz hat kommen sehen und er gibt die Schuld daran den zum Teil üblen Auswüchsen in der Vergangenheit. Denn einige schwarze Schafe in

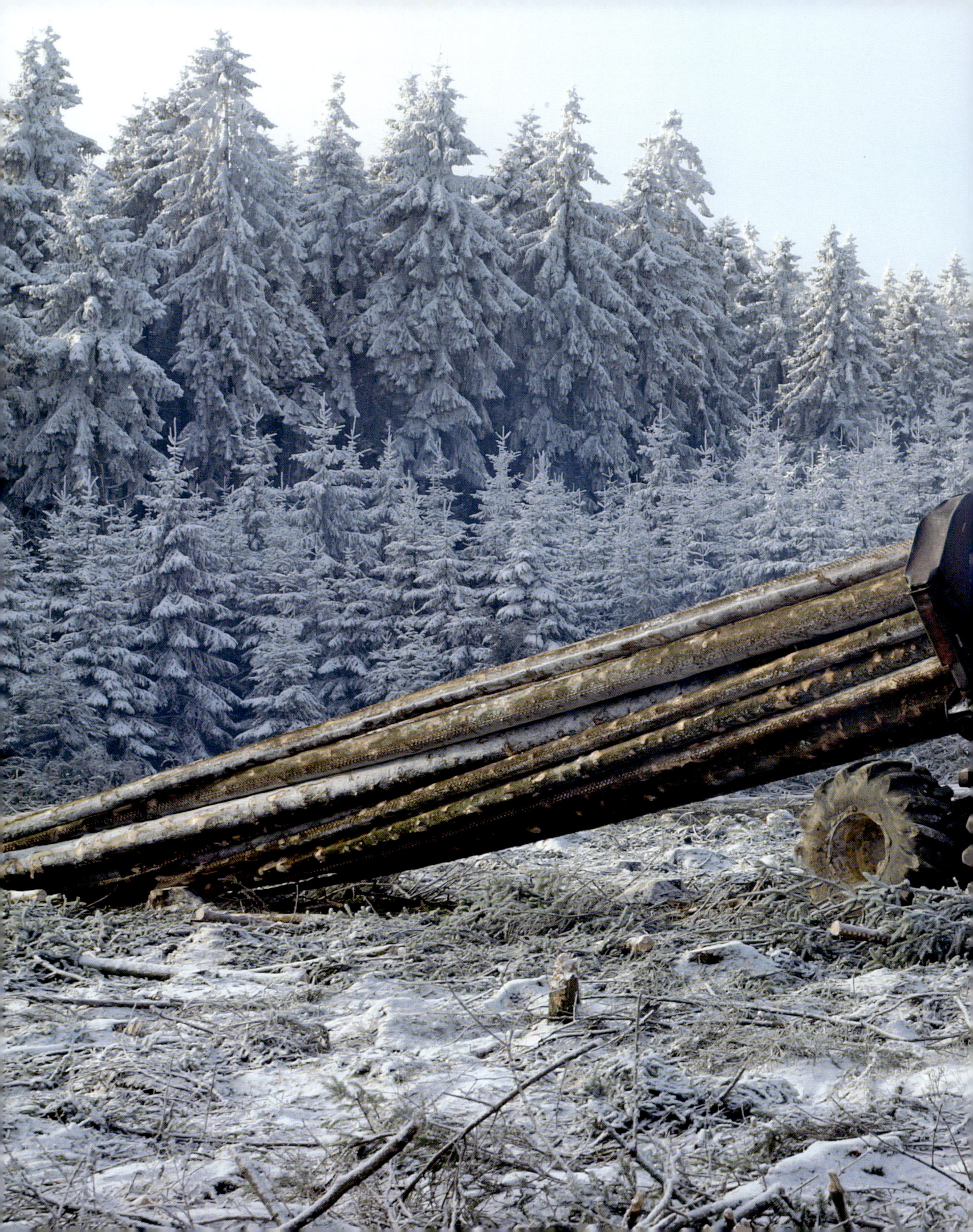

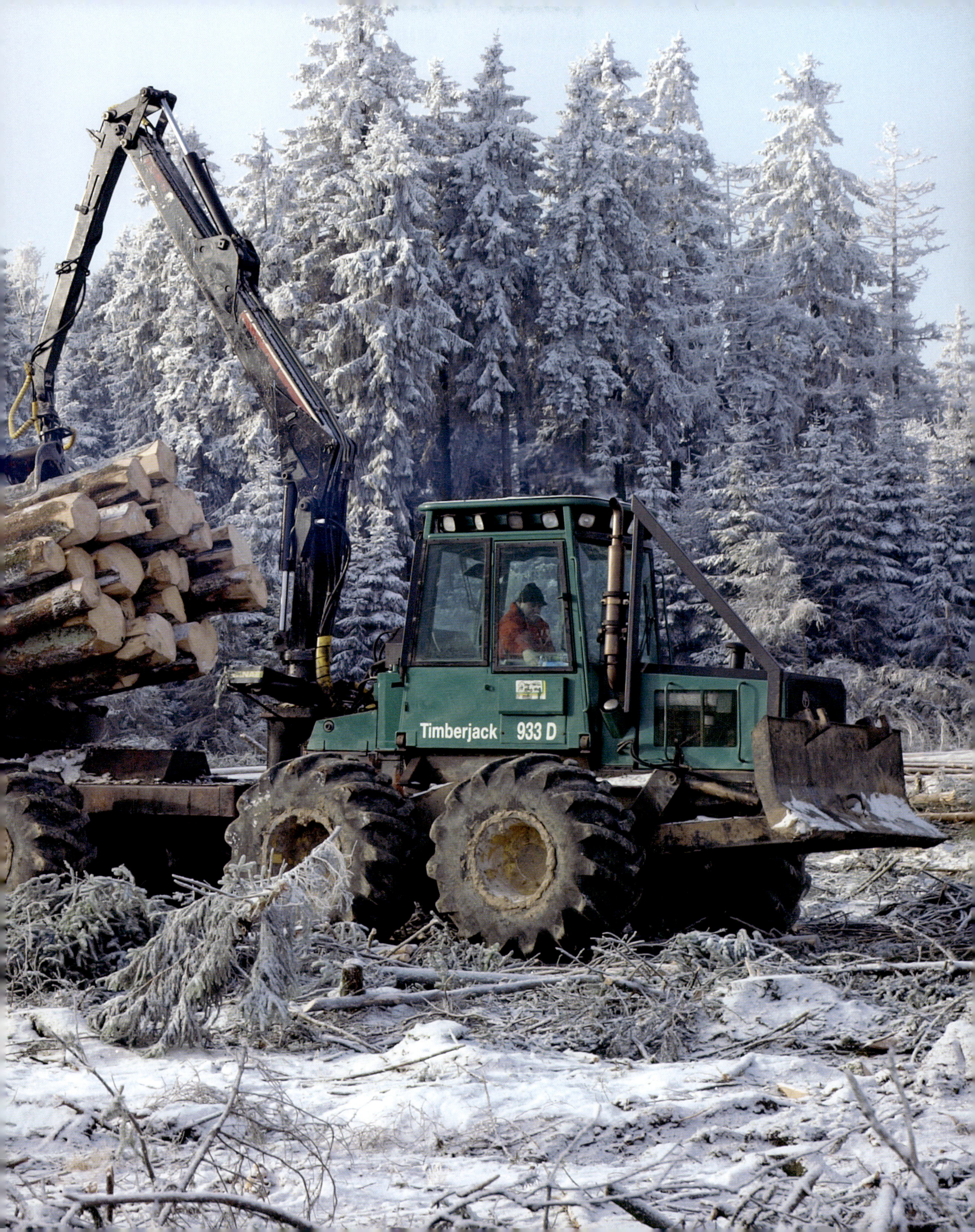
Timberjack
933 D

Jetzt verstehen wir also schon etwas besser, warum extrem tief abgestockt und bis acht Zentimeter Zopf aufgearbeitet wird. Jeder Zentimeter zählt! Der Forstunternehmer Schroeder bekommt übrigens die Menge bezahlt, die er aufgearbeitet hat. Er rechnet nach Werkseingangsmaß ab. Aufgearbeitet werden die manuell gefällten und an den Wurzelanläufen sauber beschnittenen Stämme mit dem CAT 325 Kettenbagger, der einen verlängerten Ausleger hat, an dem ein Charlier-Aggregat hängt (kleines Foto rechts). Charlier ist ein bekannter belgischer Hersteller von Aggregaten. Dieses eingesetzte Aggregat hat einen Fälldurchmesser von fast 90 Zentimeter und kann von 75 Zentimeter bis herunter zu sieben Zentimeter entasten. Gezopft wird mit einer hydraulischen Schere im Kopf des Aggregats. Heute sitzt René Schroeder selbst auf dem Bagger und legt sich die fertig entasteten Stämme mundgerecht auf einen dicken Reisigteppich, denn anschließend rückt er das Holz mit seinem Lokomo an den Lkw-fähigen Weg. In die riesige Klemmbank hat Schroeder bei dieser Fuhre 35 Stämme hineingeschaufelt. Grob geschätzt sind das ungefähr 25 Festmeter, die sich zwischen den Armen der gewaltigen Klemmbank befinden. Bis zu 3,8 Meter Breite zwischen den Armspitzen öffnet die Klemmbank, die einen Lastquerschnitt von drei Quadratmetern aufweist und schon damals in Finnland aufgebaut wurde. Auf die nachträgliche Anschaffung eines Rungenkorbes verzichtete Schroeder, denn diese Maschine wird ausschließlich zum Langholzrücken mit der Klemmbank eingesetzt, so wie es ab Werk vorgesehen war.

Die Technik des Lokomo 933C

Nur breitere Reifen hat Schroeder auf den Klemmbankschlepper aufgezogen. Und zwar in der Größe 28L-26 von Firestone. Also 713 Millimeter breite Schlappen. Angetrieben wird der Lokomo von einem Sechszylinder Volvo-Turbomotor mit 209 PS Leistung und einem Hubraum von 6,73 Litern. Über einen zweistufigen Clark Drehmomentwandler geht die Kraft des Motors an die acht Reifen. Die Bogies haben einen Freigang von +/- 15 Grad, die Rahmenknicklenkung schlägt zu jeder Seite 40 Grad ein. Das, und die Bodenfreiheit von 70 Zentimetern unter dem Knickgelenk, verleihen der Maschine eine auzsgezeichnete Geländegängigkeit. Zwei Hydraulikpumpen mit jeweils 107 Litern Fördermenge in der Minute sorgen für eine ausreichende hydraulische Leistung. Dazu kommt noch eine Servopumpe mit 26 Litern Leistung in der Minute. Der Ölvorrat an Bord beträgt 129 Liter; der Kraftstoffvorrat 260 Liter. Der Kran an dieser Maschine ist übrigens von Cranab, und zwar der 1100, der sehr gut hebt, wie René Schroeder uns verrät. Hubkraft ist auch nötig, denn oftmals belädt er mit dieser Maschine auch seine zwei Langholztrailer, die aus Gewichtsgründen keinen eigenen Kran aufgebaut haben.

Daß ich die technischen Daten der Maschine hier korrekt veröffentlichen kann, habe ich Rudi Geisel von der Firma Nuhn in Niederaula zu verdanken, der einen alten Prospekt bei John Deere in Tampere ergatterte und mir zur Verfügung stellte. Irgendwie schade, daß solche Maschinen heute nur noch in Übersee gebaut und eingesetzt werden. Aber jetzt Schluß mit der Nostalgie! Kehren wir zurück zum aktuellen Arbeitsbild im Hohen Venn, im Moor in Belgien.

Keine Polter für die Ewigkeit

Das Langholz bringt Schroeder mit dem Lokomo an den Lkw-fähigen Weg, und das ist eine Sache von nur ein paar Minuten. Eben gerade sind es knapp 25 Festmeter, die in der Klemmbank dieser Maschine liegen. Der Anblick so einer Fuhre auf einer winterlichen Kahlfläche ist einfach gewaltig (Foto oben). So etwas sieht man auch nicht jeden Tag. Schroeder fährt die Maschine über den dicken Reisigteppich, bewegt sich auch sehr sicher über tiefe Rabatten hin zum Weg. Hier sind keine Bodenschäden festzustellen, denn auch die Oberfläche des Moors ist jetzt mittlerweile tief durchgefroren. Am Weg müssen übrigens keine Polter für die Ewigkeit erstellt werden, denn das Holz wird mit den eigenen Lkw sofort abgefahren. Es ist ein imposantes Bild, wie sich hier sechs Langholz-Lkw (Foto rechts) an den Poltern bedienen. An diesem Forstweg liegt Holz, so weit das Auge reicht. So macht die Forstwirtschaft dann noch mehr Spaß.

Kurzholz in der Klemmbank

Zugegeben, der Anblick einer großen Fuhre Langholz in der Klemmbank fasziniert immer wieder. Bei solch einem Arbeitsbild paart sich Kraft mit Geschicklichkeit. Geschicklichkeit ist immer wieder gefordert, denn wer mit einer Last von zehn, 15, 20 und manchmal mehr Festmeter Langholz in der Klemmbank die Maschine durch schweres Gelände bewegt, muß alle seine Sinne beieinander haben. In der Regel ist das Langholzrücken mit der Klemmbank sehr effektiv und bringt bei einem guten Fahrer auch noch immer etwas ein. Was ist aber mit dem Rest vom Schützenfest? Meistens fällt in einem Bestand nicht nur Langholz an, sondern die Spitzen werden ins Industrieholzsortiment geschnitten, die rotfaulen Stammstücke gehen als CGW-Abschnitte in den Verkauf. Und jetzt wegen vielleicht 20 oder 30 Festmeter Kurzholz in der Abteilung die Klemmbank zeitaufwendig demontieren und gegen einen Rungenkorb tauschen? Das kann es doch wohl nicht sein! Es geht auch anders. Franz Schulte-Berge aus Menden-Böingsen ist Waldbesitzer (55 Hektar) und Landwirt (38 Hektar). Schulte-Berge führt seinen Landwirtschaftsbetrieb alleine und auch den eigenen Wald sowie fremden Wald bearbeitet er als sogenannter Einzelkämpfer. Franz Josef Schulte-Berge ist auch als Forstunternehmer tätig, und zwar arbeitet er mit einem Rottne Solid F12 Rückezug. Vor diesem Rottne hatte Schulte-Berge einen Rückezug Rottne Rapid im Einsatz, davor einen John Deere Schlepper mit Forstaufbau, übrigens der erste Forstaufbau dieser Art, der damals von Müller Eslohe hergestellt wurde. Im Juli 2007 kaufte er sich den Rottne Solid F12 Rückezug bei Kopa in Kuddewörde als Gebrauchtmaschine. Die Maschine hatte zwar schon 10.000 Stunden auf der Uhr, war Baujahr 2000, aber in einem sehr guten Zustand. Einen Monat später fand Schulte-Berge eine Kleinanzeige im Forstmaschinen-Profi, in der eine Klemmbank angeboten wurde. Die Klemmbank befand sich ebenfalls beim Rottne-Händler Kopa auf dem Platz. Schulte-Berge kaufte sich dann diese Klemmbank für den Einsatz im Langholz. Bei dieser Klemmbank soll es sich um eine Ösa-Klemmbank handeln. Das kann aber leider nicht mehr festgestellt werden, da sämtliche Typenschilder und Hinweise auf die Herkunft dieser Klemmbank nicht mehr vorhanden sind.

Mit dem Solid F12 rückt Schulte-Berge Kurz- und Langholz, wobei das Langholz in seinem Betrieb noch eine sehr große Rolle spielt. Die Anschaffung der Klemmbank war für ihn ein Glücksgriff, denn er kommt mit dieser Ausrüstung auf eine sehr gute Leistung. Und wenn jetzt wie hier, an diesem gezeigten Arbeitsbild, das Holz vorgerückt quer zum Weg liegt, schaufelt sich Schulte-Berge in Null Komma nichts die Bank voll und fährt seine Last von zirka zehn bis 15 Festmetern an den Polterplatz. In den Beständen, die wir heute ansehen, sind sehr viele Bäume rotfaul, denn der Bestand befindet sich auf einem stark kalkhaltigen Boden. In dieser Gegend wird Kalk abgebaut, und zwar von der Rheintal GmbH, die ehemals der größte Arbeitgeber in der Region war. Die rotfaulen Stücke werden, falls sie noch beil- und nagelfest sind, als CGW-Abschnitte ausgehalten. Der Rest des Holzes geht in das drei Meter lange Industrieholz. Um jetzt nicht extra für diese Sortimente den Rungenkorb aufbauen zu müssen, hat Schulte-Berge die vorderste Rungenbank mit einer Zahnleiste versehen. Das Kurzholz wird jetzt zwischen Rungenbank und weit geöffneter Klemmbank gelegt. Die Zahnleiste verhindert, daß das Holz in den untersten schmalen Teil der Rungenbank rutscht. So hat die Rungenbank jetzt fast die Höhe der Klemmbank und das Holz liegt fast waagerecht. Bis zu einer Länge von vier Metern können so Abschnitte bequem und effektiv in dieser Kombination gefahren werden. Sind die Abschnitte länger, würden sie nach hinten über die Klemmbank abkippen. Aber wenn es an die längeren Sachen geht, muß halt der Rungenkorb wieder aufgesetzt werden. Die Klemmbank befand sich vorher auf einem Rückezug Rottne SMV, davor vermutlich auf einem Timberjack. Das ist nämlich noch an den halbrunden Rahmenstücken zu sehen. Die Steuergeräte an der Klemmbank wurden erneuert. Somit funktioniert das Ding prima und schafft ordentlich was weg. Der Tausch gegen den modifizierten Rungenkorb dauert ungefähr eine halbe Stunde. Vier Bolzen (Paßstifte) müssen entfernt werden, zwei Steckverbindungen für die Ölleitungen und eine Kabelverbindung in die Kabine, das war es dann auch schon. Der hintere Rungenkorb besteht aus zwei zusammengeschweißten Rungenbänken, die als ein Teil mit dem Kran aufgehoben werden. Das Gitter und die vordere Rungenbank bleiben immer auf der Maschine, auch beim Langholzeinsatz. Der Kran wurde übrigens auch von Schulte-Berge geändert. Der Original-Rottne RK 72 hatte mit einem einfachen Ausschub eine Reichweite von 7,2 Metern. Schulte-Berge rüstete darum auf. Er kaufte dazu einen gebrauchten Wipparm mit einem Doppelteleskop.

So reicht der Kran jetzt 8,5 Meter in den Bestand. Das ist für die Arbeiten, bei denen Schulte-Berge die Maschine einsetzt, vorteilhafter. Auf dem Polterplatz muß Schulte-Berge große Langholzpolter einrichten, weil das harvesteraufgearbeitete „Mondholz" hier auch vor Ort maschinell geschält werden soll. Die Polter müssen also schälmaschinengerecht angelegt werden. Das bedeutet, das sie bündig in einer Richtung, also nicht dünnörtig und dickörtig durcheinander, liegen. Hinter dem Polter muß noch einmal eine Polterlänge frei bleiben, damit die Schälmaschine die geschälten Stämme wieder ablegen kann. Bei dem eingeschlagenen Holz handelt es sich um sehr starke Fichte, zum Teil bis zu vier Festmeter je Baum.

Durch die Zahnleiste in der vorderen Rungenbank liegt das Holz fast waagerecht und kann nicht so leicht nach vorne herausrutschen. Das ist aber kein Notbehelf mehr; in diese Kombination geht schon ordentlich was rein (großes Foto links).

Aus der Klemmbank heraus wird das Holz mit dem Kran schälmaschinengerecht abgelegt.

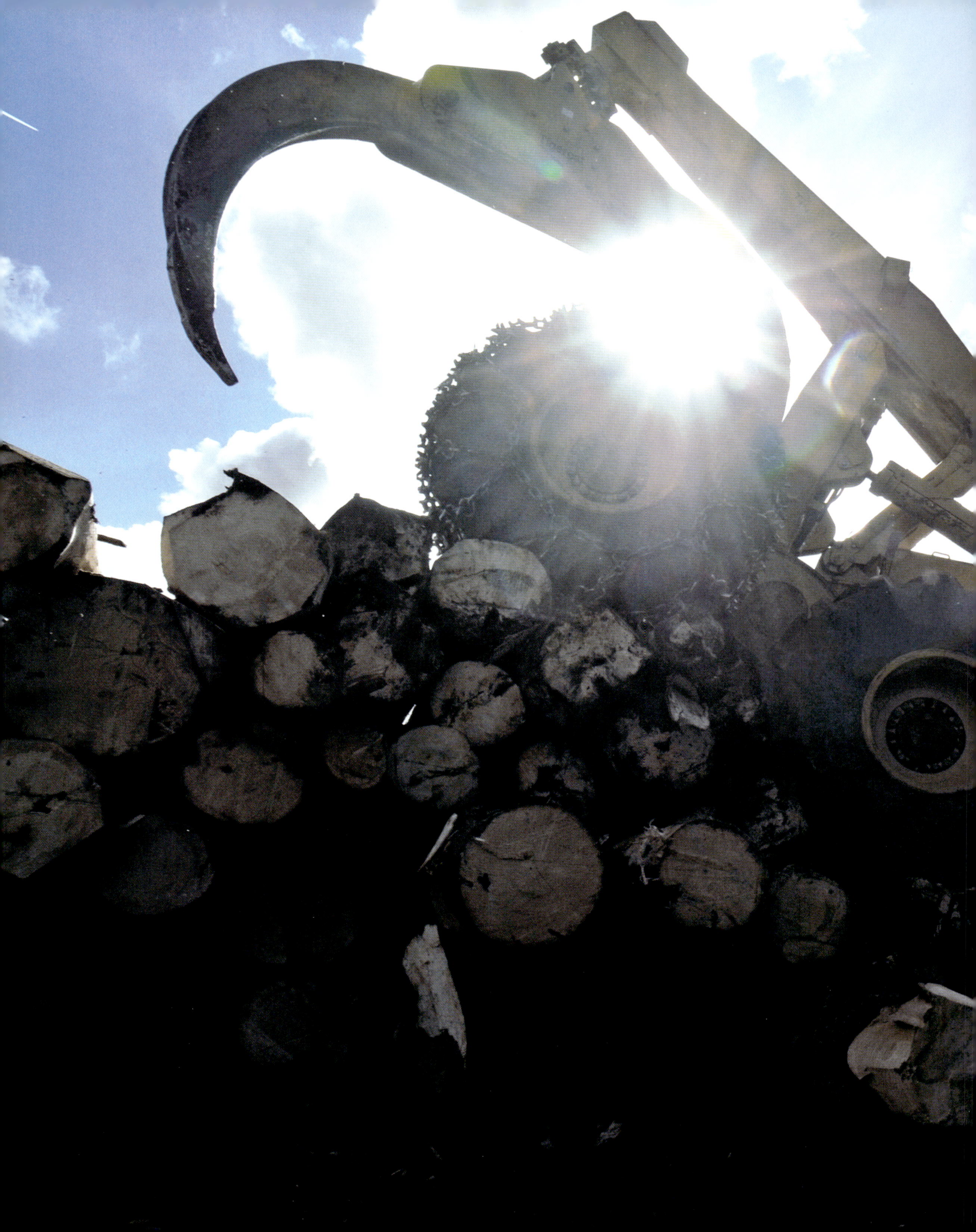

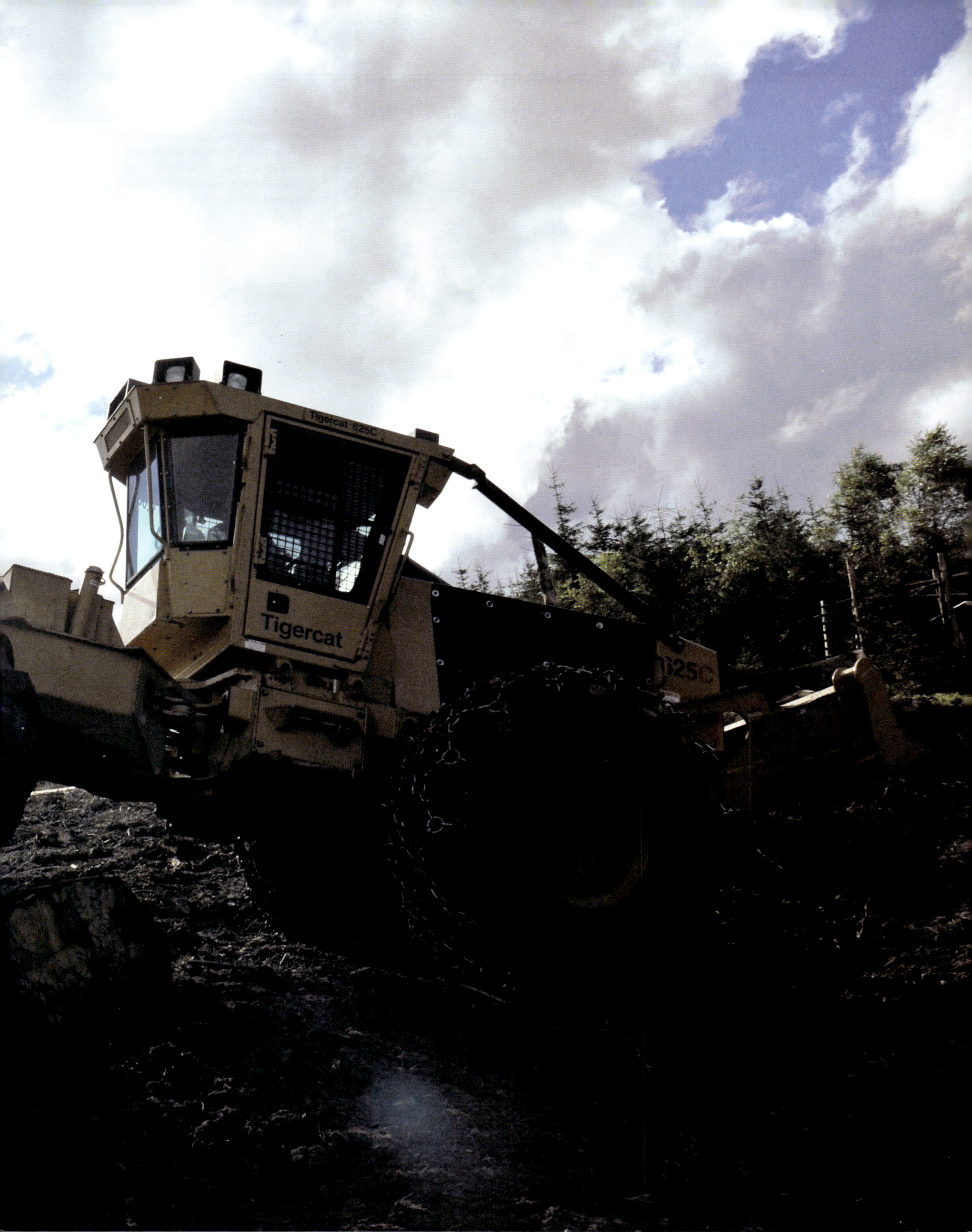
Tigercat 625C
Tigercat

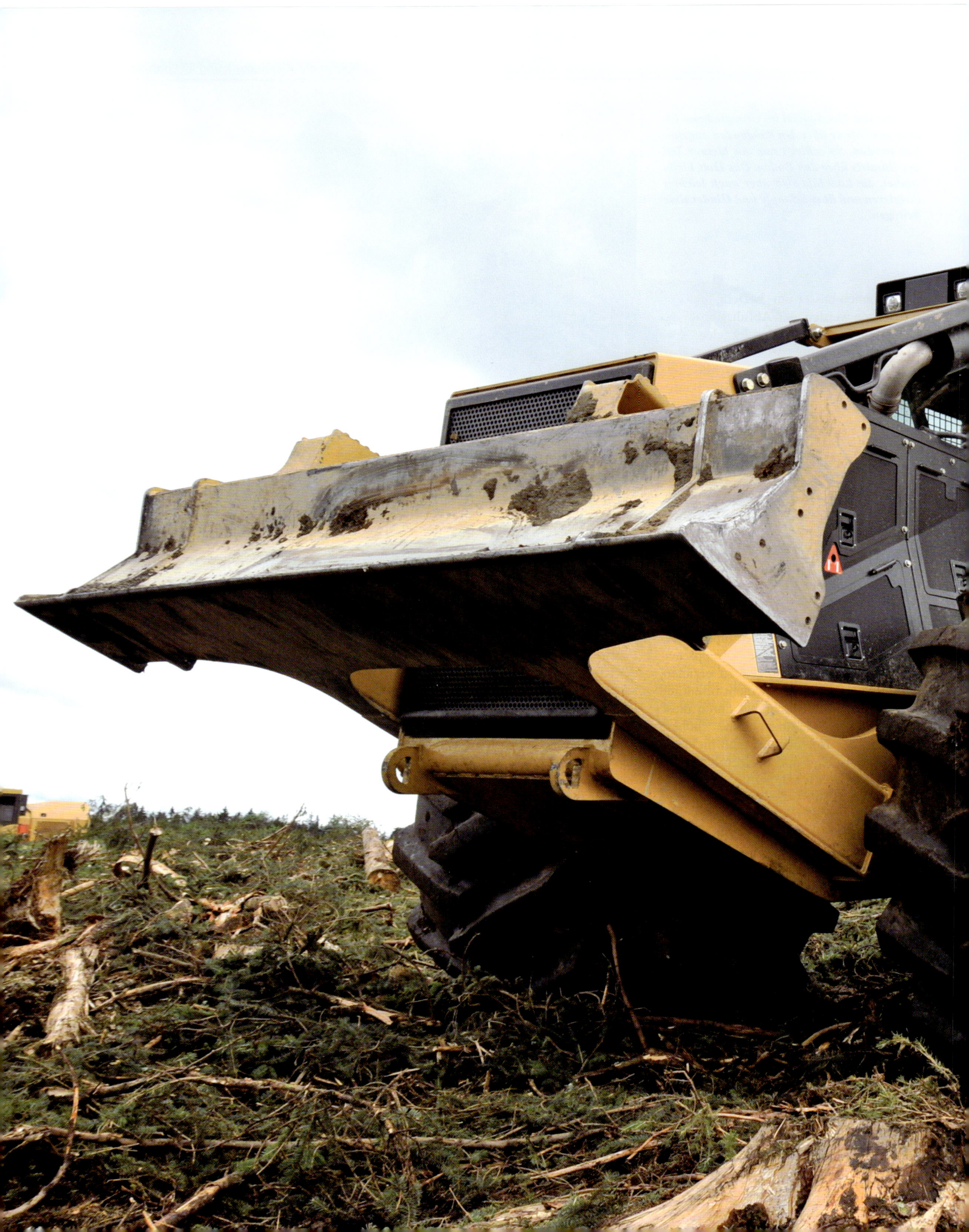

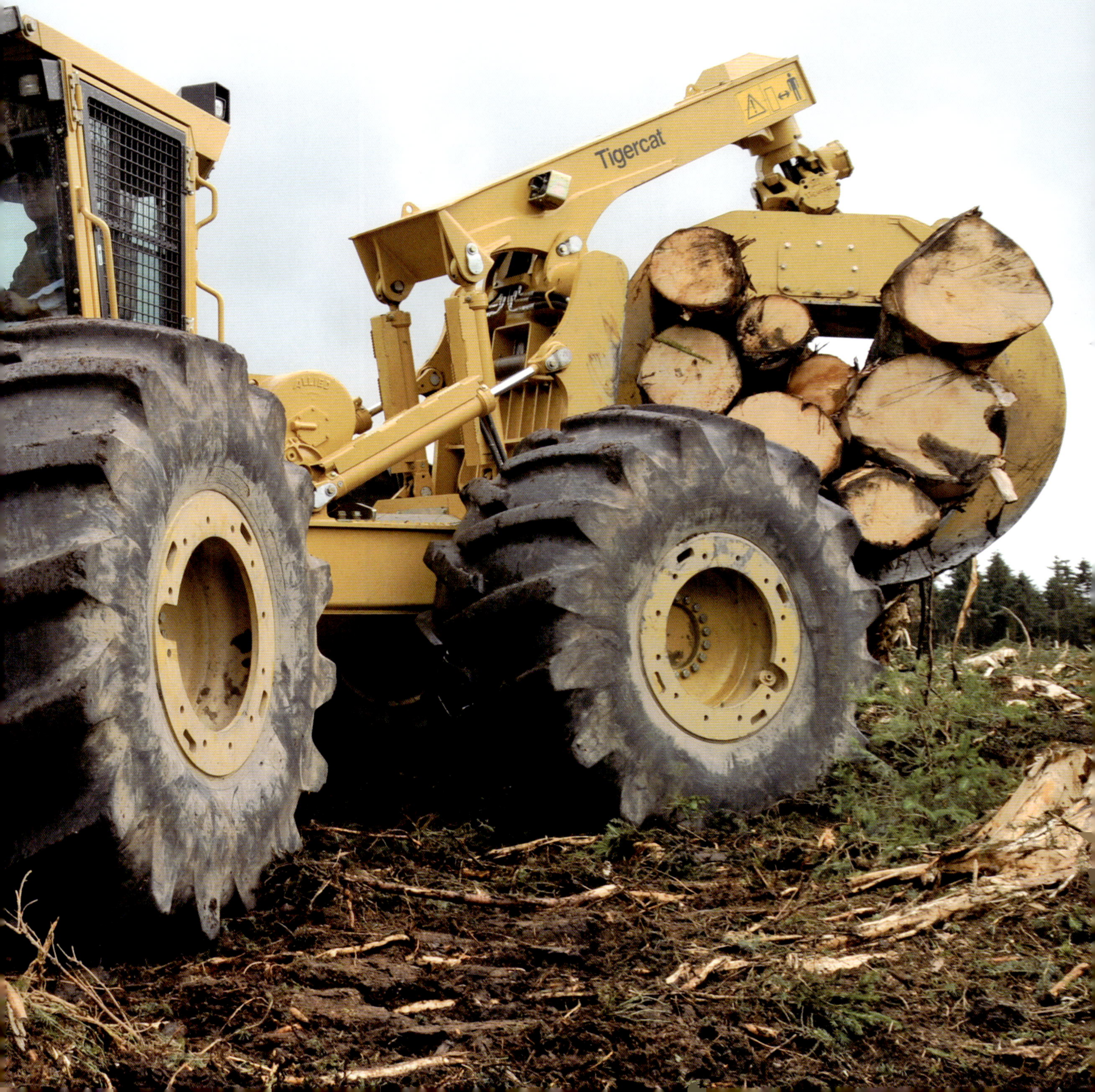
Tigercat

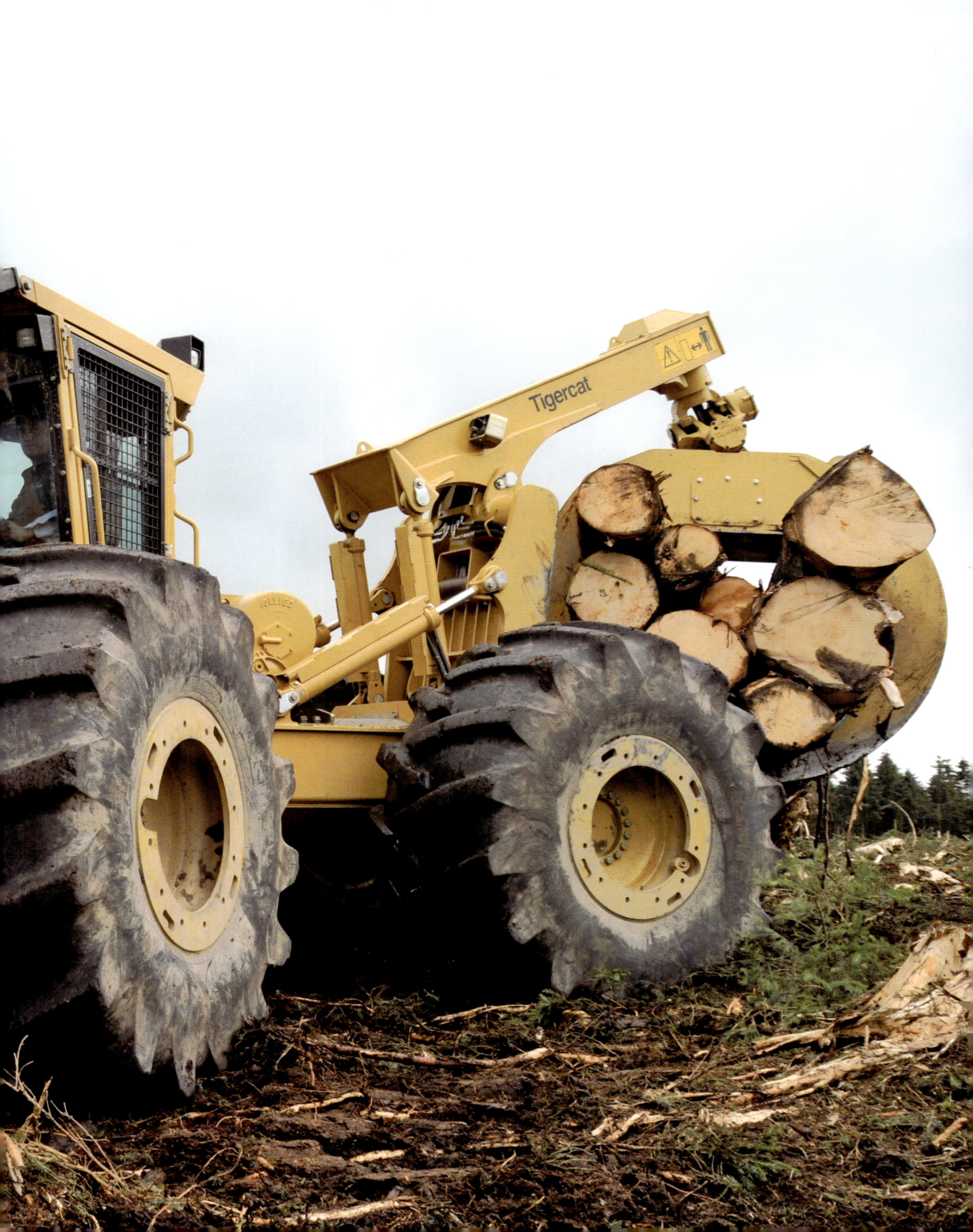

Der stärkste Skidder der Welt

Auf einen ausländischen Besucher wirkt die belgische Forstwirtschaft erst einmal wie das verlorengegangene Paradies. Kahlschläge bis zu einer Größe von fünf Hektar sind erlaubt. Das meiste Holz wird lang ausgehalten und dann mit Grapple-Skiddern gerückt. Aber natürlich gibt es auch in Belgien feste Regeln und Gebräuche, die von den Forstunternehmern eingehalten werden müssen, gerade in den Staatsforsten. Es ist also auch nicht alles Gold, was glänzt. In den Staatsforsten hat, wie in Deutschland auch, der Förster das alleinige Sagen; das nutzen manche auch weidlich aus, wie es heißt. Trotzdem wirkt die belgische Forstwirtschaft auf den interessierten Beobachter sympathischer als die deutsche. Alleine schon der Umstand, daß hier noch sehr viel Langholz mit Grapple-Skiddern und auch der Klemmbank gerückt wird. In diesen Rückemethoden ist immer noch ein hoher Spaßfaktor enthalten, der keinesfalls unterschätzt werden darf.

Auf den vorherigen Seiten berichtete ich über den Sechsrad-Skidder 625 C, der in Belgien im Forstunternehmen Clohse läuft. Der 625 C wirkt zwar gewaltig und ist es von den Abmessungen her auch; er ist aber nicht die größte und stärkste Maschine in der Skidder-Serie von Tigercat. Einen Tick stärker ist der 630 D, der mit 260 Pferdestärken zur Zeit vermutlich der stärkste Skidder der Welt ist. In Kanada läuft zwar noch ein Achtrad-Skidder, und zwar der Tanguay 88 E Grapple Skidder, der wird zwar offiziell als Skidder bezeichnet, müßte aber mehr der Kategorie Rückezug zugerechnet werden, denn die ganze Bauweise der Maschine erinnert doch sehr an einen Rückezug. Also lasse ich es mal dabei, der 630 D von Tigercat ist in der Vierrad- sowie auch in der Sechsrad-Version, die die gleiche Motorleistung aufweist, der stärkste Skidder der Welt.

Im Forstunternehmen Clohse im belgischen St. Vith läuft der 630 D, der für eine Zwillingsbereifung ausgerüstet ist. Aber mit diesem Skidder hat man noch einiges anderes vor. So steht in der großzügigen Werkstatt bei Clohse ein Räumschild, das zur Zeit modifiziert wird und das nach einer Umbau- und Verbesserungsphase an den 630 D angebaut werden soll. Von dieser Kombination, starker Skidder mit einem effektiven Räumrechen, erwartet man sich bei Clohse von der Flächenräumung sehr gute Ergebnisse. Ich beobachtete den 630 D auf einem Kahlschlag in der Nähe von St. Vith im harten Einsatz. Es ist schon ein interessanter Anblick, wie der Fahrer des 630 D, Michael Nivarlet, sich mit der Maschine auf dieser Kahlfläche bewegt. Hier wurden, wie auch in den anderen Arbeitsbildern, dem Skidder die Langholz-Rauhbeugen mundgerecht serviert, so daß bei jedem Zugreifen die gewaltige Zange des Skidders voll ist. Und die 260 PS sind ja auch nicht zu verachten. Im Gegensatz zu dem Sechsrad-Skidder 625 C hat der 630 D nicht nur 40 PS mehr, sondern auch eine Bereifung, bei deren Anblick ein leichtes Grinsen im Gesicht des Betrachters zu sehen ist. Hier sind Pneus der Größe DH 35.5 LB 32 montiert, die 24 stabile Lagen gegen Durchstiche und Reifenverletzungen haben. Dieser Reifen ist gewaltige 902 Millimeter breit, natürlich schlauchlos und wiegt als Einzelreifen 592 Kilogramm. Das ist schon mal eine gewaltige Aufstandsfläche. Die Kraft der Maschine ist sicherlich auch für diese gewaltigen vier Reifen nötig. Die Standardbereifung an dieser Maschine hat die Größe 30.5 L-32 und ist mit einer Lagenzahl von 20 ausgerüstet. Dieser Skidder ist also für die ganz schweren Einsätze gebaut, das kennen wir ja schon aus dem Fernsehen und aus Kanada.

Insgesamt bietet Tigercat fünf aktuelle Skiddermodelle an. Es beginnt bei dem kleinsten Skidder, dem 604 C, eine reine Seilmaschine. Dann folgt der 610 C, die kleinste Maschine unter den Grapple-Skiddern. Weiter in der Reihe geht es mit dem 620 D, ebenfalls eine Grapple-Maschine und dem 630 D. Den 630 D gibt es auch als Sechsrad-Maschine, dann heißt er 635 D und ist mit einer hinteren Bogie-Achse ausgerüstet. Auch bei den 630er und 635er Modellen ist der sehr stabile und in schwerer Ausführung vorhandene Fahrersitz um 45 Grad in Fahrtrichtung nach rechts angeordnet und kann nicht völlig gedreht werden, sondern nur noch um weitere 40 Grad nach rechts, so daß auch in der 630er Maschine der Fahrer fast 90 Grad quer zur Fahrtrichtung sitzt. Aber diese für europäische Skidderfahrer etwas ungewohnte Sitzposition scheint gewisse Vorteile aufzuweisen, sonst wäre die Clohse-Mannschaft sicher unzufrieden mit der Sitzposition. Auch dieser Fahrersitz ist großzügig mit Luft abgefedert und weist eine Lordosenstütze, Armlehnen und auch einen Sicherheitsgurt auf. Ebenfalls rechts an der Armlehne befindet sich der Joystick, mit dem Grapple und Polterschild gesteuert werden. Gelenkt wird auch dieses Modell über ein Lenkrad, das ebenfalls einige Grad aus der Fahrzeugmitte heraus nach rechts positioniert wurde, damit der Fahrer aus der gedrehten Sitzposition heraus das Lenkrad immer gut erreichen kann. Die Kabine des 630er Skidder ist ebenfalls gut isoliert und schallgedämmt; eine Klimaanlage und eine leistungsstarke Heizung gehören auch hier zur Serienausstattung wie das Radio und der CD-Spieler. Der hydrostatische Fahrantrieb, der alle Tigercat Skidder auszeichnet, trägt auch im stärksten Tigercat-Modell zur Leistungssteigerung und zur Fahrerbequemlichkeit bei.

Foto rechts oben: Ein älteres Tigercat Sechsrad-Modell mit Zwillingsbereifung auf der Vorder- und Hinterachse bei einem Einsatz in Kanada fotografiert. Hier wird das Langholz in der Klemmbank transportiert. Ob es direkt vom Fäller-Bündler dort hineingelegt wurde, oder aber von einer Lademaschine, das konnte leider nicht festgestellt werden. Aber trotzdem: es ist ein imposanter Anblick, der immer wieder gerne im Holzfäller-TV gezeigt wird.

Foto rechts: Der 630 D des belgischen Unternehmens Clohse ist der stärkste Skidder der Welt, jedenfalls wenn es nach der Motorleistung geht.. Die Reifen sehen auf dem Foto gar nicht so riesig aus. Sie messen aber 902 Millimeter in der Breite. Deutlich sind die Vorrichtungen an den Felgen für den Einsatz der Zwillingsbereifung zu sehen.

Holz in der Klemmbank und im Grapple 87

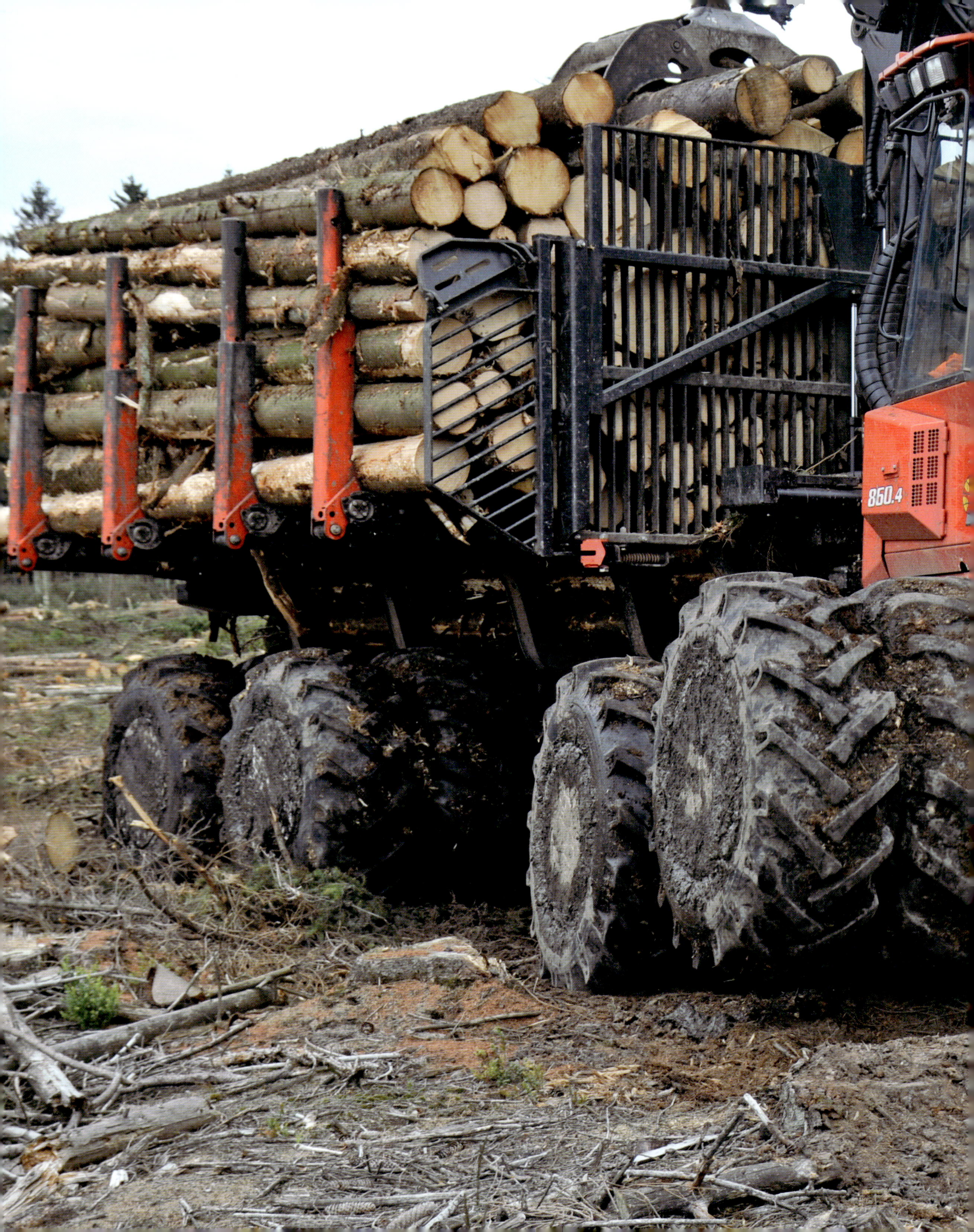
860.4

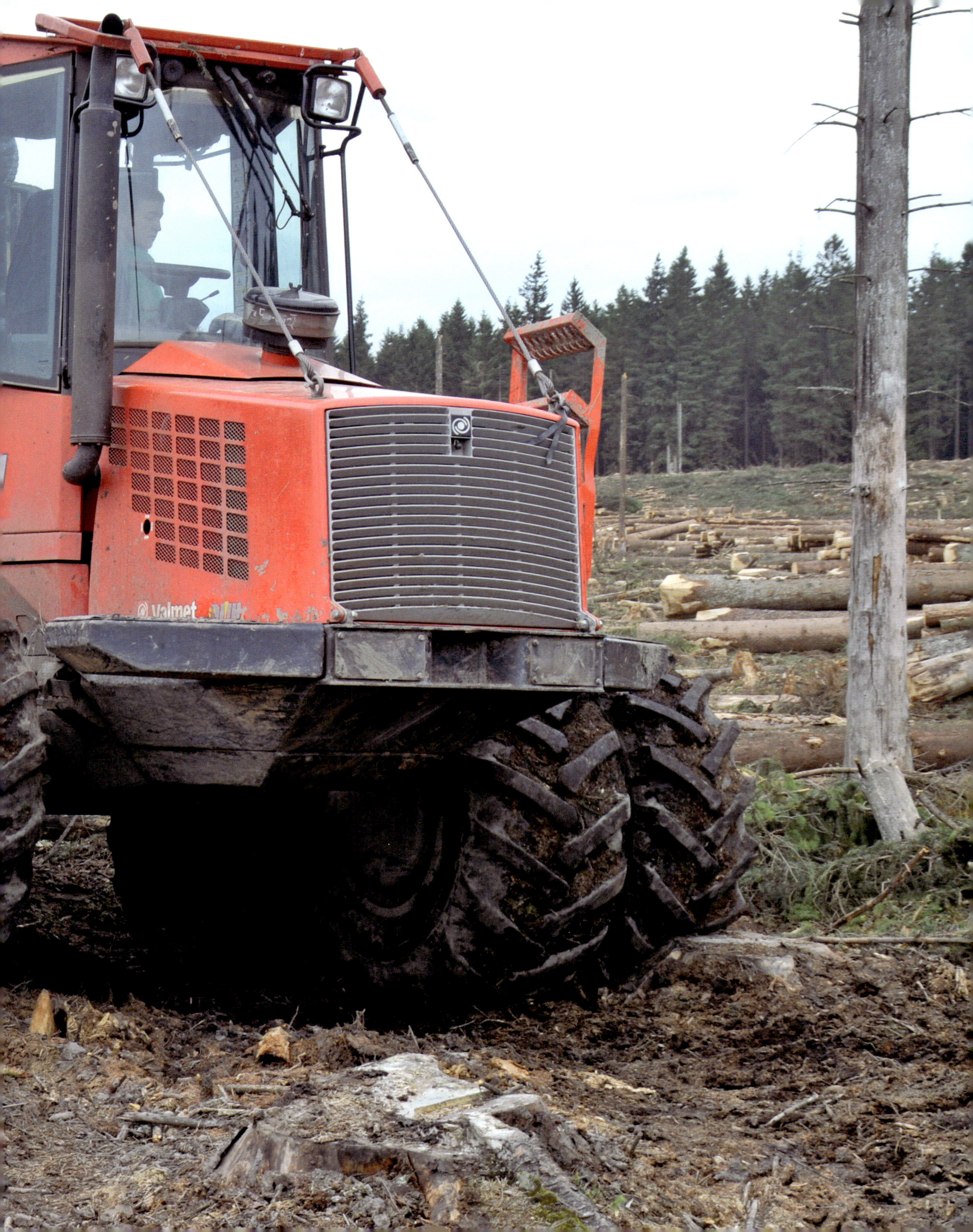
Valmet

Auf 16 Reifen über das Venn

Das Hohe Venn in Belgien. 60 Hektar Kahlschlag. Bis zu 20 Meter dicke Torfschichten. Kaum tragfähiger Boden. Das Holz muß in einer bestimmten Frist raus. Der belgische Forstunternehmer Oswald Hilgers schafft das. Er rüstet seinen Valmet 860.4 Rückezug mit Zwillingsbereifung aus. Also mit 16 Rädern an der Maschine. So einen Kahlschlag macht man nicht jeden Tag; das ist wohl eher eine einmalige Sache im Leben eines Forstunternehmers. Ein über 60 Hektar großer Fichtenbestand mußte kürzlich im belgischen Naturreservat Hohes Venn (Venn = Moor) im Zuge einer Renaturierungsmaßnahme kahlgeschlagen werden. Eine Bedingung für die Auftragserteilung war, daß die eingesetzten Rückezüge mit Zwillingsbereifung ausgerüstet werden mußten, denn das eingeschlagene Holz sollte möglichst bodenschonend gerückt werden.

Wobei der Begriff „Boden" nicht ganz richtig ist; es handelt sich hier im Hohen Venn um Torfschichten mit einer Dicke von 40 Zentimeter bis zum Teil über 20 Meter. Darauf kann man entweder nur in sehr strengen Wintern oder aber in ganz trockenen Sommern fahren – jedoch immer nur mit der entsprechenden Ausrüstung. Den Zuschlag für diesen Auftrag bekam der belgische Forstunternehmer Oswald Hilgers aus St. Vith. Hilgers ist in der Branche einmal für seine Vorliebe für Valmet-Forstmaschinen bekannt, aber auch wegen seiner gewaltigen Lkw-Flotte. 40 Zugmaschinen setzt er in seinem Betrieb ein, dazu kommen dann noch die dementsprechenden Auflieger.

Für die Zwillingsbereifung wählte Hilgers eine eigene Lösung. Nach reiflicher Überlegung beschaffte er sich 400er Reifen, allerdings keine Forst-, sondern Baustellenreifen. Diese Reifen sind nicht ganz so hoch wie die 600/65-26.5 Originalreifen des Valmet 860.4. Das ist gewollt, denn die Zwillingsreifen sollen nicht ständig mittragen, sondern nur dann, wenn es kritisch wird, wenn die Originalbereifung sich einige Zentimeter in den Boden drückt.

Hilgers besorgte sich für die Zwillingsbereifung Spezialfelgen, die er in seiner eigenen Werkstatt der Maschine anpaßte. Er entwickelte und baute eine Verschraubung, die es erlaubt, die Zwillingsräder mit ein paar Handgriffen schnell und sicher an den Originalfelgen zu befestigen. Über die Art dieser Befestigung möchte Hilgers nicht so gerne berichten, denn dann gibt er seinen Wissensvorsprung her, wie er sagt. Das ist verständlich, darum werde ich das System auch nicht fotografieren. Man kann die Art der Befestigung allerdings auch nicht gleich sehen, denn die Felgen der Zwillingsräder sind mit einer Platte aus Riffelblech gegen eindringenden Schmutz gesichert. Die Entwicklungs- und Herstellungskosten für einen Satz Zwillingsbereifung am Valmet 860.4 beziffert Hilgers mit 20.000 Euro. Dieser günstige Preis konnte nur durch Eigeninitiative erreicht werden, sagt Hilgers. An einem zweiten Rückezug, dem Valmet 840.2, wurden nur die Räder des Lastteils mit Zwillingsrädern ausgestattet, denn das Lastteil an diesem Rückezug ist unverändert, wurde also nicht vergrößert, so wie beim 860.4, der das System Loadflex verpaßt bekam. Die Fahrer der beiden Rückezüge achten übrigens darauf, daß sie bei einer Fahrt über Stöcke möglichst nicht mit den Zwillingsreifen auf den Stock treffen, sondern mit der Originalbereifung. Das hilft, höhere Belastungen oder gar Schäden durch Scher- und Hebelkräfte zu vermeiden. Das schont Reifen, Felgen und Achsen, denn gerade beim 860.4 befindet sich durch das System Loadflex doch manchmal etwas mehr Gewicht auf der Maschine. Valmet/Komatsu bietet für die Rückezüge 840.4, 860.4 und 890.3 das System Loadflex an. Bei Loadflex handelt es sich um mechanisch/hydraulisch verstellbare Rungen; auch das Stirngitter kann erhöht und verbreitert werden. Die

Loser, trockener Torf liegt hier an der Oberfläche. Ein paar Tropfen Regen genügen, um dieses Boden-Torfgemisch in tückischen Schlamm zu verwandeln.

Rungen bei Loadflex können nach dem Umlegen eines Sicherungsbleches mechanisch verbreitert werden. Das macht der Fahrer mit einem fünf Meter langen Rundholz, das er im Greifer hält und so alle vier Rungen an einer Seite gleichzeitig nach außen drückt. Um die Rungen wieder in „Normalstellung" zu bekommen, werden die äußeren Rungenbänke mit dem Rundholz angehoben und nach innen gedrückt. Die oberen Rungenverlängerungen können hydraulisch ausgefahren werden. Oswald Hilgers sagt, daß er durch Loadflex natürlich auch mehr Holz auf die Ladeflä-

Das System Loadflex bringt ordentlich was. Hier ist die verbreiterte Ladefläche deutlich zu erkennen. Ab Radaußenkante der Originalbereifung beginnt der zusätzliche Laderaum.

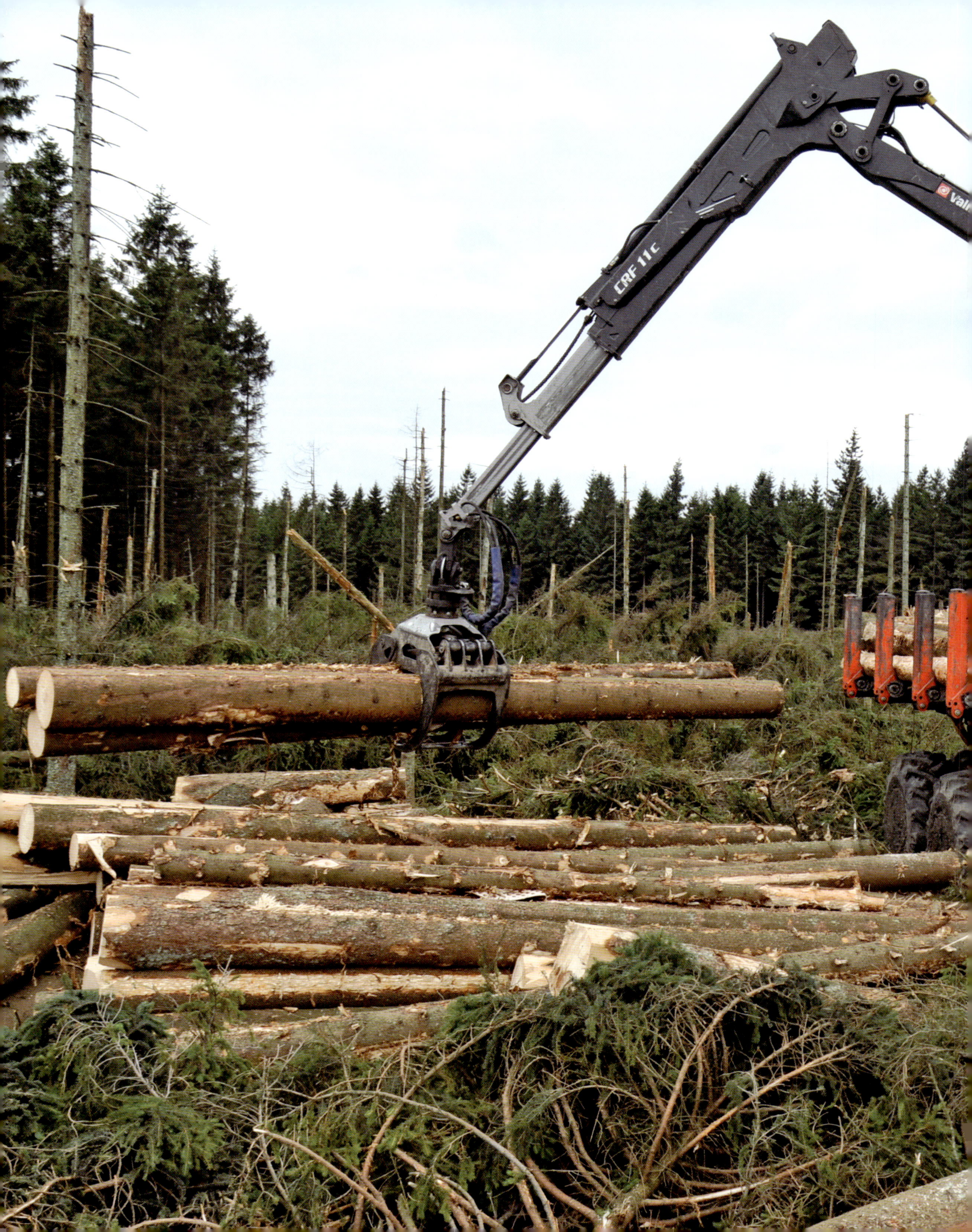
CRF 11c

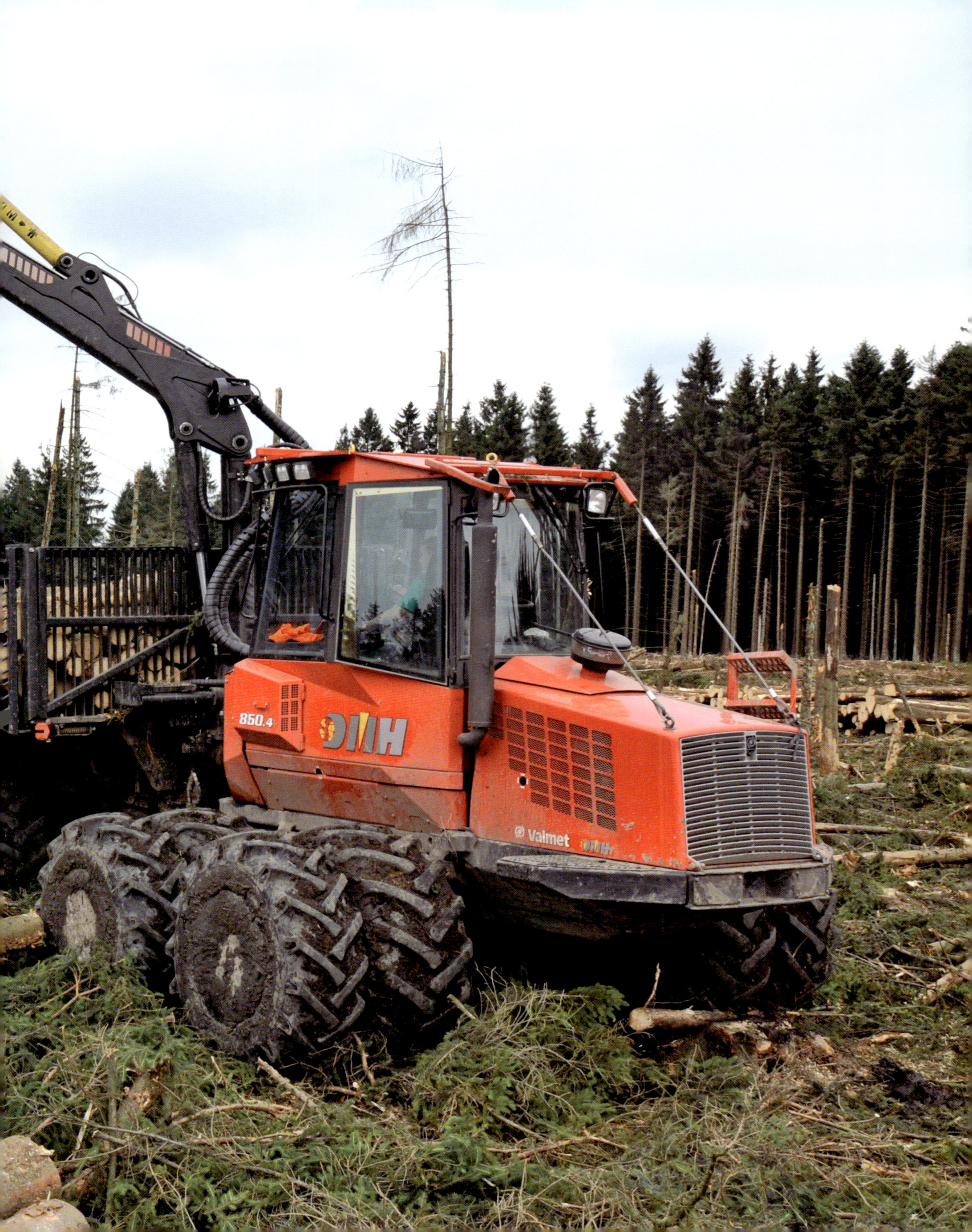
850.4
Valmet

che des Rückzzuges bekommt. Und er wäre mit dem Klammerbeutel gepudert, wenn er das nicht ausnutzt! Dieses System ist gerade bei Kahlschlägen in der Tat unschlagbar. Das Be- und Entladen geht durch die niedrigen Rungen schneller; durch die verbreiterte Ladefläche entsteht nicht nur ein größerer Raum zur Aufnahme von getrennten Sortimenten: der niedrigere Schwerpunkt der Maschine sorgt für eine höhere Stabilität und eine sichere Transportgeschwindigkeit. Ohne das System Loadflex mit der kürzeren Beladezeit und natürlich auch der höheren Ladekapazität würde der Forstunternehmer Hilgers auf dieser Fläche im Hohen Venn mit den extrem langen Rückewegen in der Tat sehr „alt" aussehen. Etwas über 60 Hektar groß ist die Fläche im Hohen Venn. Einschlag, Rücken und Holztransport sind hier in einer Hand. Der Forstunternehmer darf aber nur einen Weg benutzen, um das Holz an den Lkw-befahrbaren Weg zu bringen. Das erschwert die Arbeit natürlich sehr; kilometerlange Rückewege kommen so zusammen. Trotz Kahlschlag müssen auf der Fläche Rückegassen in Abständen von 20 Metern eingehalten werden. Das bringt erst einmal ordentlich Reisig auf die Gasse; darum muß dem Harvester keine Zwillingsbereifung verpaßt werden. Ketten und Bänder reichen für den 941 aus.

Die Rückezüge haben da schon etwas mehr Probleme; manche Gasse muß mehrfach mit Last befahren werden. Da gibt es bei den ganz nassen Ecken hier und da schon mal ein paar Probleme, die sich aber dank Zwillingsbereifung und bei Bedarf mit ein paar Greifern Reisig, die in die Spuren geworfen werden, lösen lassen. Es ist wirklich erstaunlich, wie „tapfer" sich die Rückezüge in diesem Gelände schlagen. Ob eine Ausrüstung mit Bändern ebenso gute Ergebnisse gebracht hätte, bezweifelt Hilgers. Die Räder haben jetzt eine sehr große Aufstandsfläche, sind gegenüber Bändern elastischer und passen sich dem Untergrund vermutlich besser an. Als der 860.4 mit dem hinteren rechten Bogie wegsackt, legt der Fahrer den Kran nach links aus und bringt die Maschine fast spielerisch wieder auf sicheres Terrain. So einfach geht das! Als weitere „Schikane" wurde dem Unternehmer Hilgers die Arbeitszeit vorgeschrieben. Einschlag-, Rücke- und Transportarbeiten dürfen nur in der Zeit vom 15. Dezember bis zum 15. September durchgeführt werden. In der restlichen Zeit darf nicht gearbeitet werden. Es ist Hauptjagdzeit und in Belgien nimmt man sehr viel Rücksicht auf die Jäger. So einfach ist das! Durch die Arbeitszeiteinschränkungen mußte die Arbeit auf zwei Jahre verteilt werden. Auf den 60 Hektar sollen insgesamt 15.500 Festmeter Holz anfallen. Im letzten Jahr schlug die Truppe von Hilgers 8.500 Festmeter ein; in diesem Jahr müssen dann logischerweise 7.000 Festmeter folgen. Die Arbeiten gehen flott voran, obwohl es in den letzten Tagen sehr viel geregnet hat und die Rückezüge nicht arbeiten konnten.

Kahlschlag-Land und einschneidende Naturschutzmaßnahmen im Venn

Belgien ist Kahlschlag-Land, darüber wird gerade in Deutschland immer wieder gerne berichtet. Allerdings hat man die maximale Größe der Kahlschläge auf fünf Hektar begrenzt. Das ist immer noch sehr viel, wenn man die deutschen Vorschriften zum Vergleich heranzieht. Aber die 60 Hektar Kahlschlag hier im Hohen Venn geschehen aus „Naturschutzgründen". Dafür gibt es ja immer wieder gerne Ausnahmegenehmigungen. Eine weitere belgische Besonderheit ist der Einsatz manuell tätiger Forstwirte, die für den Harvester fällen und bei Bedarf die Wurzelanläufe beschneiden. Jeder Zentimeter Nutzholz zählt und eine Motorsäge kann im Gegensatz zum Harvesterkopf den Baum fast bodengleich abschneiden. Der Einsatz der Forstwirte vor der Maschine steigert die Leistung des Harvesters natürlich ungemein. Es ist wirklich gewaltig, was hier für Mengen Holz auf den Rauhbeugen liegen.

Die Rückezüge bringen ihre Last übrigens nicht mehr auf Polter am Lkw-fähigen Weg, sondern beladen die am Weg bereitgestellten Trailer direkt. Mindestens vier Trailer stehen immer dort, damit die roten Rückezüge ihre Last ohne Unterbrechung loswerden können. Wenn dann der Valmet 860.4 mit seiner gewaltigen Last am Trailer „andockt", geht das Beladen doch sehr effektiv vonstatten. So eine Auftragsbewältigung ist übrigens nur dann fast problemlos zu bewältigen, wenn sich die gesamte Erntekette, also der Einschlag, das Rücken und der Transport, in einer Hand befindet und der Unternehmer leistungsfähige Maschinen und Spitzenfahrer einsetzt. So wie es in diesem Arbeitsbild professionell vorgestellt wird.

Oben: Damit sich kein Dreck in den Felgen festsetzen kann, wurden Riffelblech-Platten angeschraubt.

Unten: Rechts ist der Hinterwagen weggesackt. Der Fahrer legt den Kran nach links aus und bekommt den Wagen so wieder aus dem Moorloch heraus.

Durch Direktverladung ist eine ständige Belieferung der Werke mit frischem Holz gewährleistet.

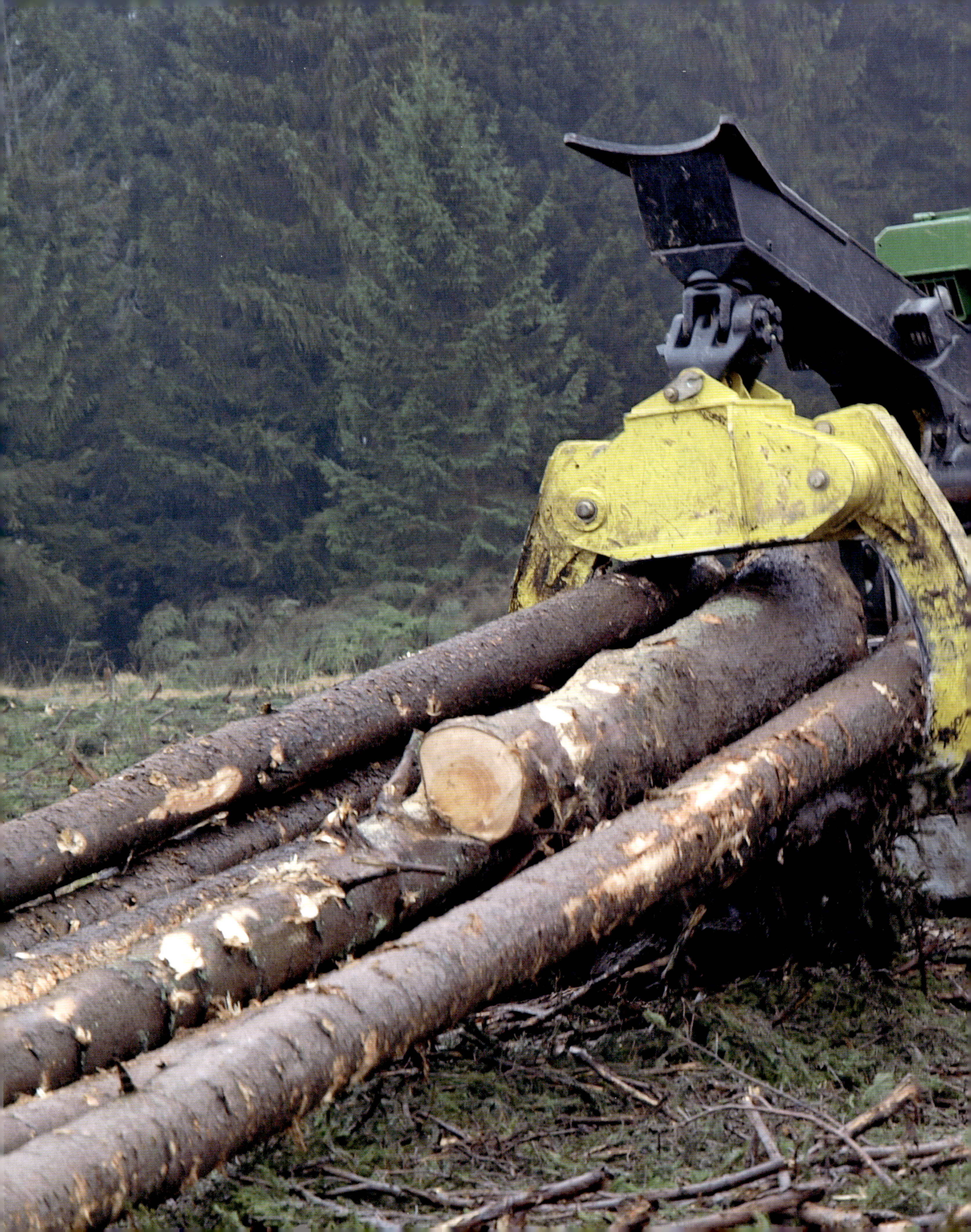

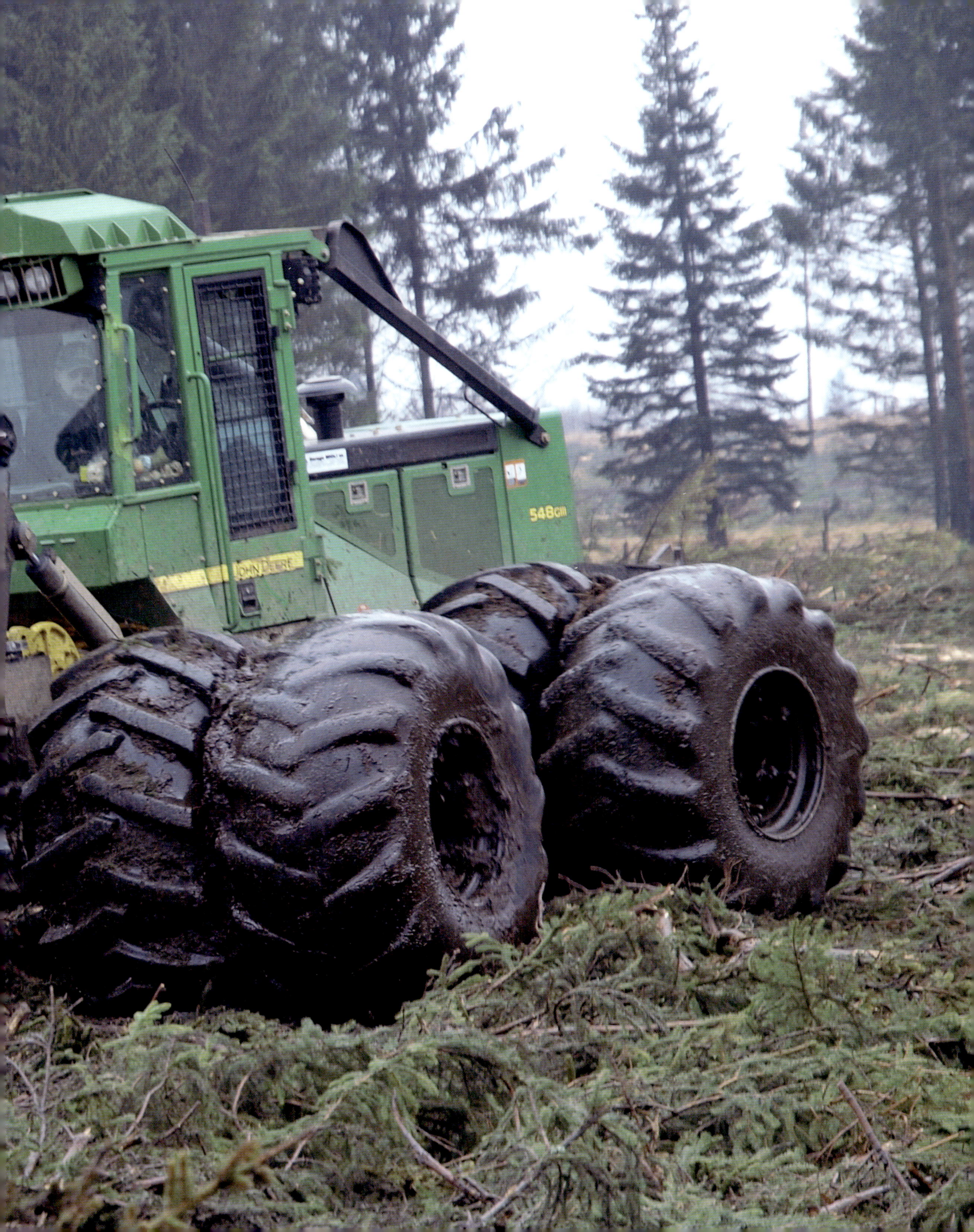
548GIII
JOHN DEERE

Schlammschlacht im Venn

Aber hallo, da macht das Reporterleben endlich mal wieder Spaß! Ein grüner Hirsch mit Zwillingsbereifung läßt gerade sein eindrucksvolles Röhren hören. Der John Deere 548 G III hat den Grapple voll mit Langholz und kämpft sich durch Sumpf und Moor zur Straße, um dort seine Last auf ein Polter zu bringen.

Vier bis fünf Meter ist die Torfschicht hier dick. Wir befinden uns auf zirka 600 Meter Höhe im Hohen Venn in Belgien und beobachten einen einheimischen Forstunternehmer, der unter mehr als widrigen Umständen hier Langholz rückt. Trotz Zwillingsbereifung sackt der Johnny gerade auf der linken Seite ein Stück in den Moorboden, aber der Fahrer hat den Skidder gut im Griff. Mit einer korrigierenden Lenkbewegung bringt er die Maschine wieder auf die zuvor ausgelegte Reisigmatte zurück. Fast einen Kilometer Rückeweg muß er zur Zeit mit jeder Ladung fahren. Und durch dieses tückische Gelände bedeutet jeder Meter Rückeweg eine Höchstbelastung für Mensch und Material. 200 Hektar werden hier kahlgeschlagen. Forstwirtschaft lohnt auf dieser Fläche kaum; das Moor soll jetzt renaturiert werden. Dafür gibt es reichlich Geld von der EU. Wer sollte dafür denn sonst auch Geld hergeben? Die Bezeichnung Hohes Venn (Venn = Sumpfgebiet, Moorgebiet) stimmt im wahrsten Sinne des Wortes, denn das wohl nicht nur zur Zeit unseres Besuches verregnete und nebelige Gebiet ist wirklich eine trostlose Gegend, aber heute ist in dieser Ecke des Venn der Teufel los. Firma Inter Bois S.A. aus Mürringen in Belgien ist hier am wuracken.

Inhaber der Firma Inter Bois ist Helmut Sujdak, der einen zwillingsbereiften Trumm von Maschine mit traumwandlerischer Sicherheit auf schwankenden Pfaden durch das Moorgebiet bewegt. Dieser Teil des Moores liegt ungefähr 600 Meter hoch, so zeigt es jedenfalls das Navigationsgerät im Auto an. Die Torfschicht soll hier stellenweise sechs bis sieben Meter dick sein. Auf zirka 200 Hektar wird gerade ein Komplettabtrieb vorgenommen. Das Moor soll renaturiert werden. Darum muß der gesamte Baumbestand geschlagen werden. Das Holz hier ist zirka 90 Jahre alt, einige dicke Dinger sind auch darunter. Tolle Qualitäten sind das allerdings nicht, aber Festmeter bleibt Festmeter, egal, ob krumm oder gerade gewachsen, ob grobastig oder abholzig.

Das Holz muß runter und danach an den Lkw-fähigen Weg gerückt werden. Und so heißt es erst einmal, einen Plan zu erstellen, wie das Holz aus dem nassen Gelände an den Weg zu bringen ist. Den Schlagabraum, Reisig, Zopfstücke und auch komplette Bäume sowie alles, was Helmut Sujdak zwischen die Zangen des Grapple bekommt, packt er sich zu einer Reisigmatte und versucht, einen halbwegs befahrbaren Weg in diesem Moor zu erstellen.

Auf Baum- und Reisigmatten über eine dicke Torfschicht

Sujdak hat für die Rückearbeit seinen John Deere 548 G III mit einer Zwillingsbereifung ausgerüstet. Die Räder in der Größe 28.1–26 sind also acht Mal an der Maschine vorhanden. Und das hilft ungemein. Wo andere Maschinen leer kaum durchkommen, kämpft er sich sogar mit einer respektablen Last durch. Der Johnny muß bei dieser Vorgehensweise aber auch ordentlich ran. Er keucht und röhrt wie ein brunftiger Hirsch. Für einen Forstmaschinenfanatiker ist das natürlich ein wunderbares Geräusch und auch ein toller Anblick. Hunderte Meter weit kann die Maschine bei der Arbeit beobachtet werden, denn kein Baum und kein Strauch hemmt die Sicht. Die Bäume sind schon fast alle geschlagen, zum Teil wirkt diese leere Landschaft irgendwie düster, bedrückend und unheimlich. Regen, Wind und Nebel verstärken diesen Eindruck noch. „Oh schaurig ist's, übers Moor zu gehen", das wußte schon die Dichterin Annette von Droste-Hülshoff. Aber der Anblick eines John Deere Skidders mit Zwillingsbereifung und einer Fuhre Langholz im Grapple entschädigt für das Schmuddelwetter. Der Johnny macht seinen Weg. Aber er mußte sich, wie schon eingangs beschrieben, erst einmal einen Weg aus Reisig und Stämmen legen, um halbwegs trockenen Fußes an den Rückeweg zu gelangen. Die Rükkeentfernung zu Beginn der Aufarbeitung lag bei ein paar Metern, jetzt muß er mit jeder Last ungefähr einen Kilometer zurücklegen, ebenso in Leerfahrt zurück auf den Schlag. Hier auf diesem Gelände ist es für einen Fußgänger schon sehr schwer, trockenen Fußes voranzukommen. Es ist

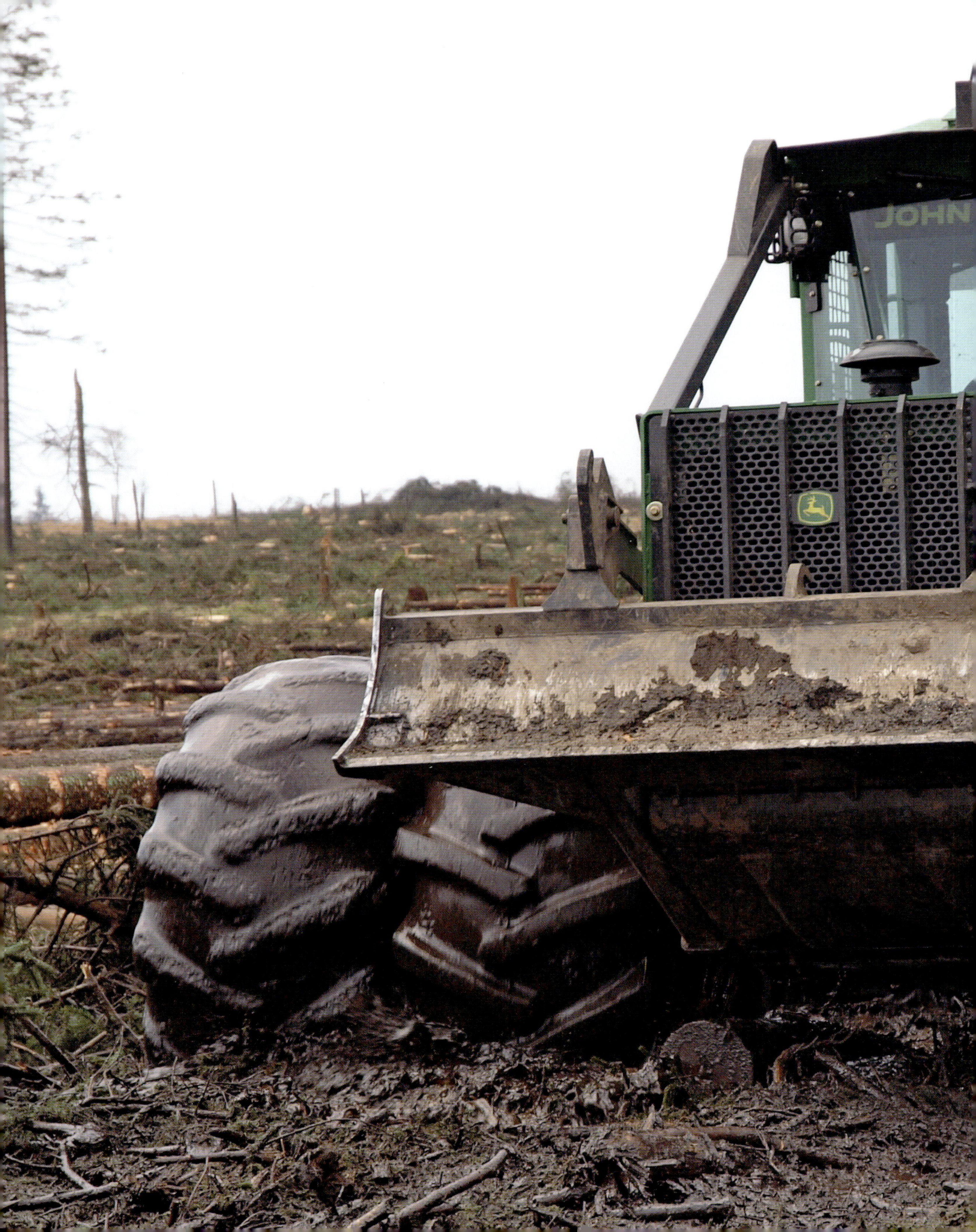
JOHN

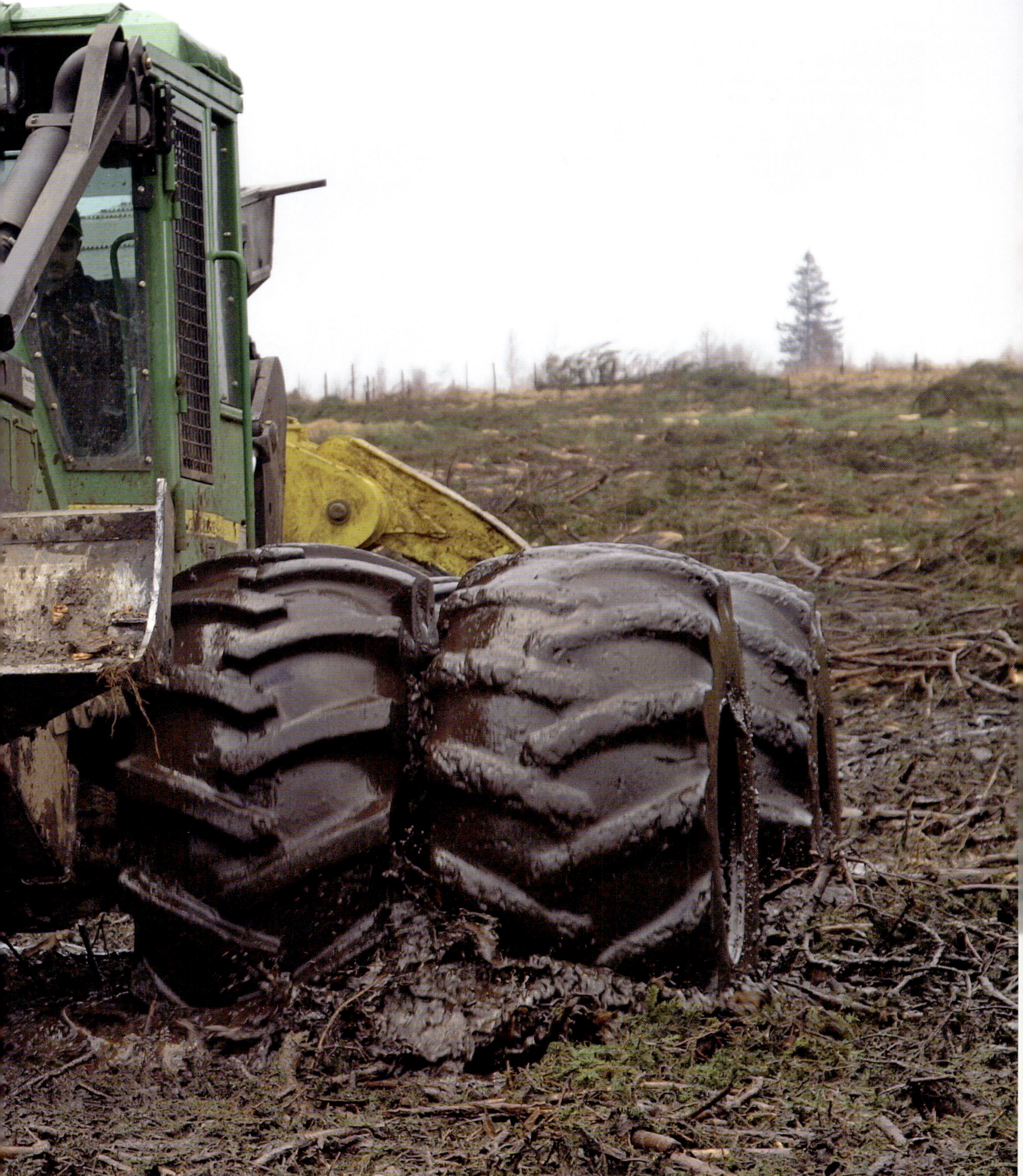

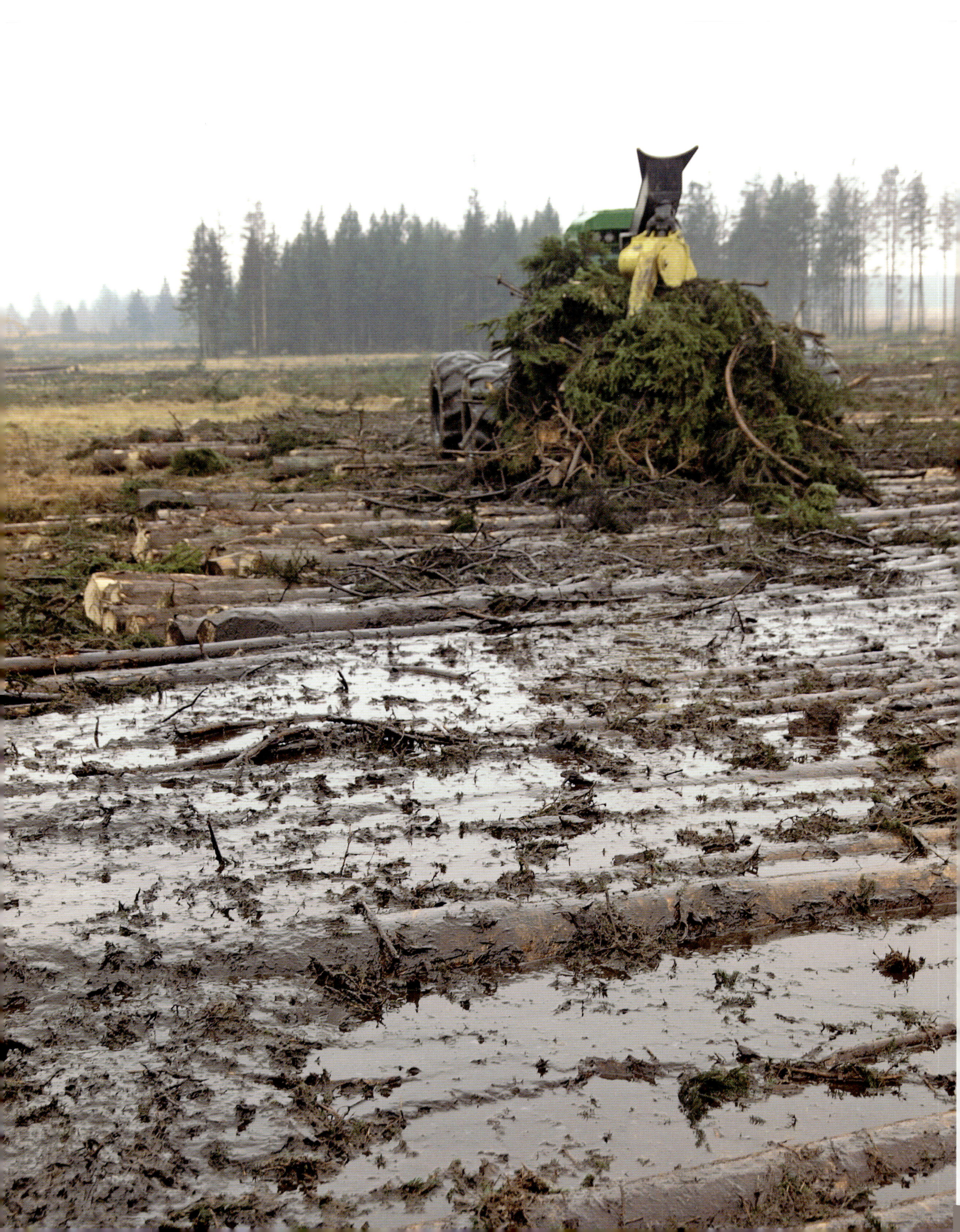

Auf leisen Sohlen 105

Oben: Trotz der Zwillingsbereifung muß der Fahrer der Maschine oftmals mehrere Reisigbündel in die zum Teil tiefen Moorlöcher schmeißen.

Links: Über die extrem unbefahrbaren Stellen im Moor hat der Unternehmer Langholz als Matte gelegt. Auf diesem Bild bringt er gerade ein Reisigbündel zur Fahrspur und armiert damit die zerfahrene Rückegasse.

Rechts: Der alte Timberjack 240 leistet hier immer noch wertvolle Dienste. Dem Harvester seilt er die Bäume heran; dem John Deere 548 G III hilft er hin und wieder mit der Seilwinde aus einem Moorloch.

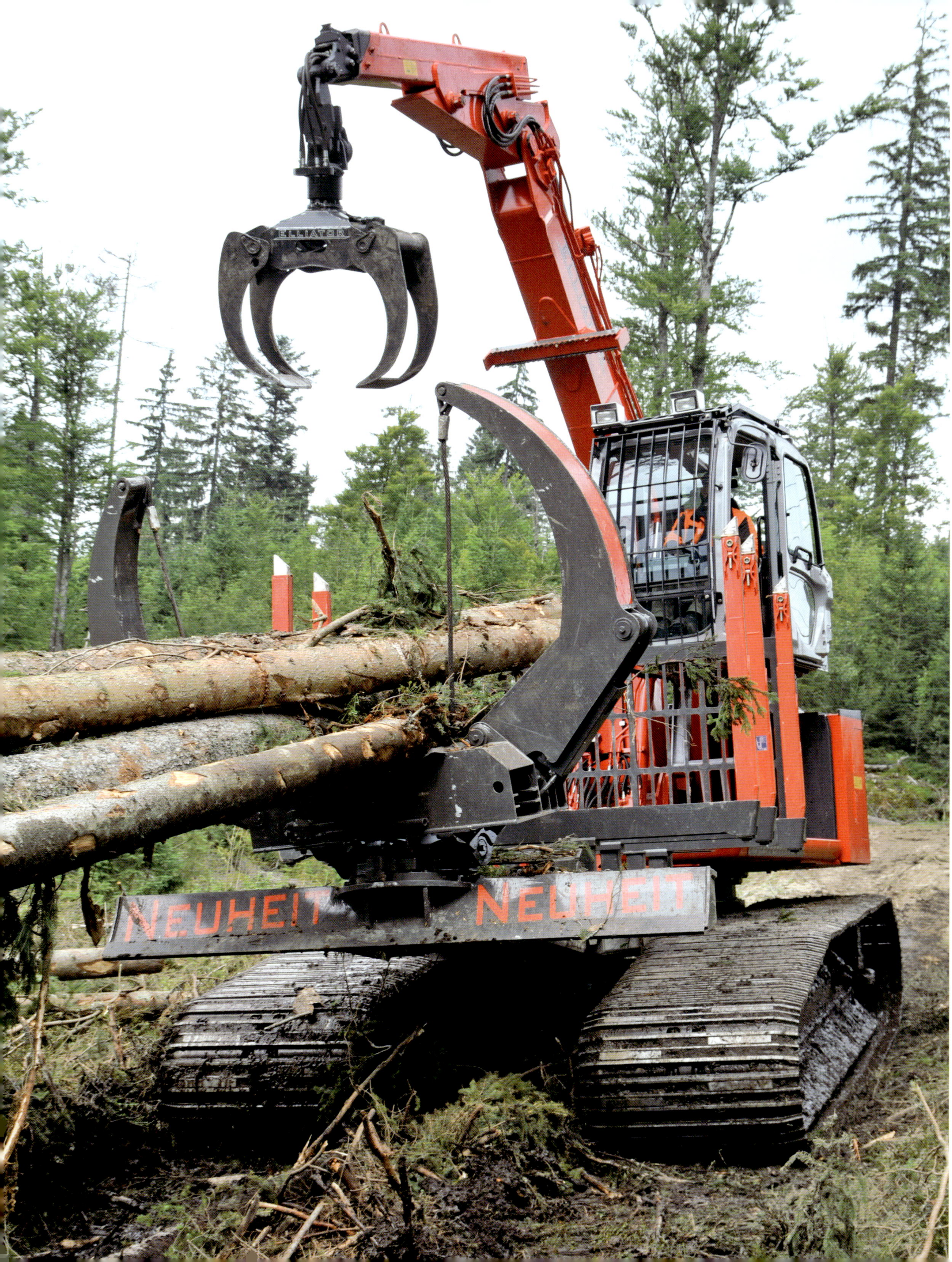
ELLIATOR
NEUHEIT
NEUHEIT

Schwimmen kann er noch nicht

Das muß man gesehen haben, sonst glaubt man es nicht. Der Erbauer des Elliator, Ludwig Ellinger, Chef des Unternehmens EMB Baumaschinen aus Neukirchen v.W., drückt einen etwas über einen Meter langen Knüppel ohne sichtbare Anstrengung in den Boden der Rückegasse. Der Knüppel verschwindet bis zum Anschlag in der Tiefe. Dieses Experiment kann übrigens an jeder beliebigen Stelle der Gasse wiederholt werden, mit dem immer gleichen Ergebnis: der Boden hier ist praktisch nicht tragfähig, zum Teil steht das blanke Wasser in der Gasse. Trotzdem ist der Elliator auf dieser Rückegasse schon zehnmal gefahren; fünfmal ohne Last, fünfmal mit Last. Entsprechende Spuren sind kaum wahrnehmbar. Unglaublich!

Der Elliator wurde der Öffentlichkeit erstmals auf der Interforst im Juli 2010 vorgestellt. Das Unternehmen EMB Baumaschinen hatte ihn in auf Anregungen aus der Forstbranche hin erdacht und schließlich gebaut. Wobei sich viele Besucher des Messestandes damals fragten, wie der Elliator mit den langen Laufwerken im Gelände klarkommt. Nun, er kommt bestens klar, das wurde uns bei einem Einsatz in einem Hochmoor im Bayerischen Wald eindrucksvoll demonstriert. Leider findet man den Elliator in unübersichtlichem Gelände sehr schlecht – er ist nämlich sehr leise, so daß man – wie sonst üblich – die Maschine im Wald nicht nach Gehör suchen sollte. Spuren findet man auch kaum.

Eine gewaltige Aufstandsfläche

Die Grundmaschine des Elliator ist ein Kobelco-Bagger 135, der für seinen niedrigen Lärmpegel von 95 dB (A) bekannt ist. In der Kabine sind es übrigens nur 67 Dezibel. Der Kobelco-Bagger wurde auf ein pendelndes Laufwerk gesetzt. Durch das pendelnde Laufwerk ist eine hohe Standsicherheit gegeben, aber auch eine große Bodenfreiheit, die von 75 Zentimeter bis 1,07 Meter reicht. Das Laufwerk ist 7,56 Meter lang, die gekröpften Bodenplatten sind genau einen Meter breit. Das ist natürlich eine gewaltige Aufstandsfläche, die nur einen minimalen Bodendruck erzeugt. Jetzt verstehen wir schon besser, warum diese Maschine auf dem kaum tragfähigen Boden klarkommt. Für ganz extreme Einsätze können Bodenplatten bis zu einer Breite von zwei Metern montiert werden, auch Bodenplatten aus Spezialkunststoff in unterschiedlichen Größen sind lieferbar. Für Einsätze im Hang können die Hydraulikzylinder, die das Laufwerk mit dem Rahmen verbinden, in längerer Ausführung gewählt werden, so daß ein größerer Ausgleich möglich wird und

Oben: Der Elliator beim Kurzholzladen. Die längeren Abschnitte werden mit in die Klemmbank gelegt.

Großes Foto links: Für den Einsatz im Langholz ist eine Klemmbank vorhanden.

Unten: Die Laufwerke können hydraulisch gehoben und gesenkt werden. Das blanke Wasser steht in der Rückegasse und läuft an den Bodenplatten herunter.

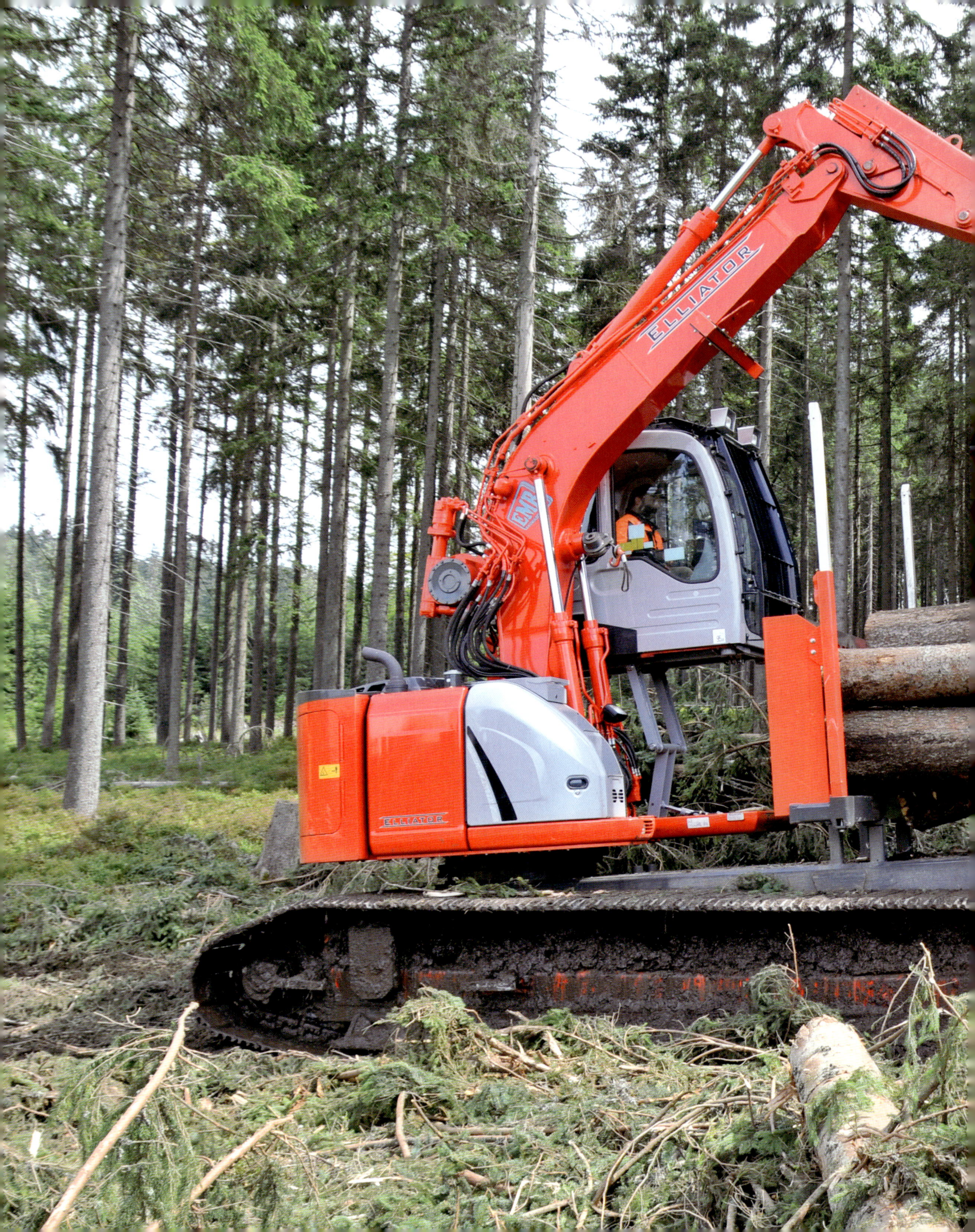
ELLIATOR

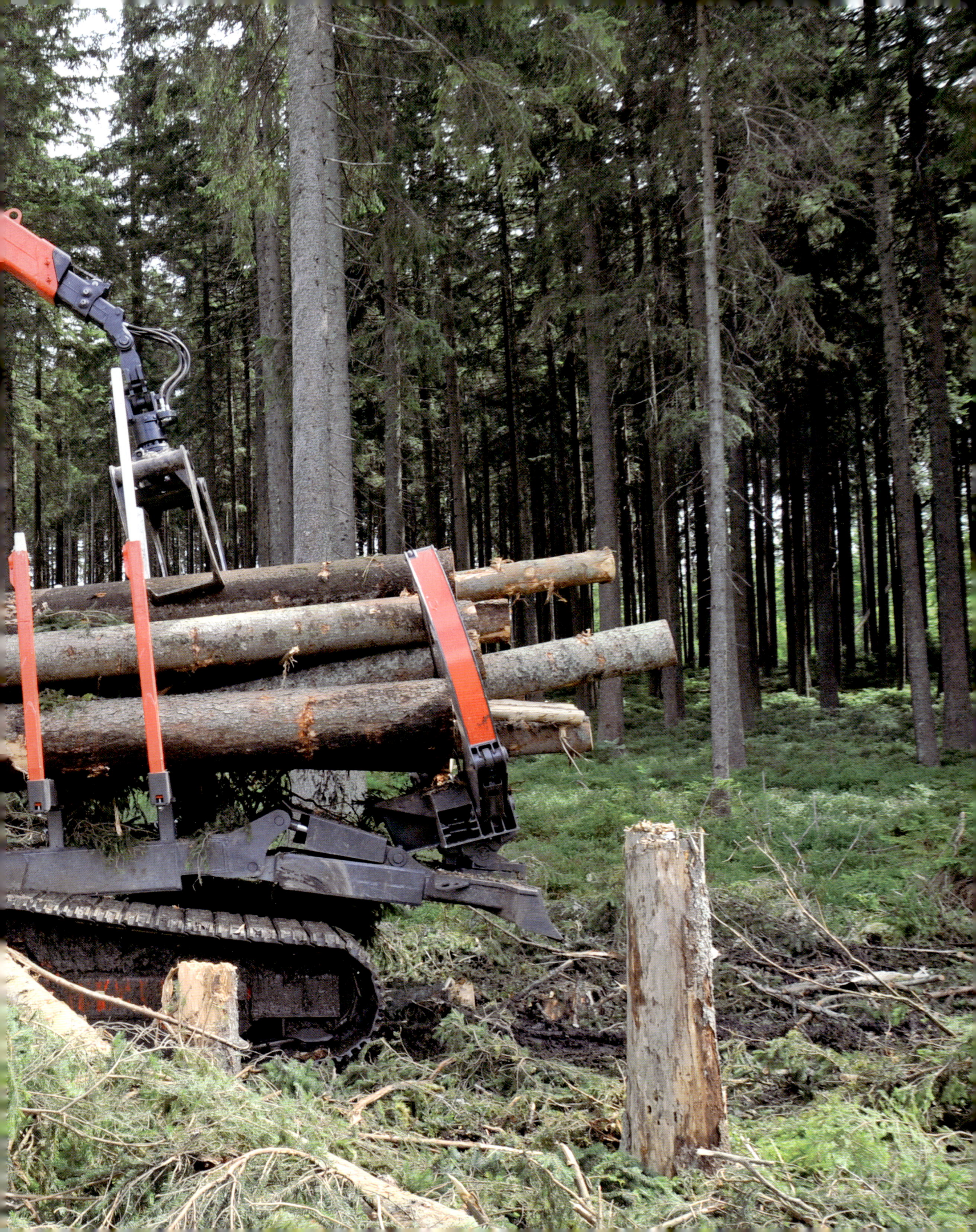

das Lastteil der Maschine fast immer waagerecht steht. In der vorgestellten Ausführung ist der Elliator mit einem Rungenkorb und einer Klemmbank versehen. Der Kran sitzt neben der Kabine, dreht also ebenfalls endlos und ist für die Manipulation schweren Stammholzes mit einem Stammkamm ausgestattet. Die Kabine der Maschine ist eine Wucht. Ludwig Ellinger berichtet, daß der Lärmpegel in der Kabine nur 67 Dezibel beträgt. Bis auf eine Sichthöhe von 3,90 Meter kann die Kabine hochgefahren werden, der Blick von da oben auf das Arbeitsumfeld erleichtert dem Fahrer den Job ganz erheblich. Ein weiterer großer Vorteil der Kabine ist die Endlosrotation des Oberwagens. So sitzt der Maschinenführer immer in Blickrichtung auf das Arbeitsfeld, der Kran arbeitet ebenfalls immer parallel zur Blickrichtung des Fahrers.

Die Endlosrotation des Oberwagens hat allerdings auch einen Nachteil. Bei der Drehdurchführung zum Unterwagen stehen nur sechs Kanäle zur Verfügung. Das reicht aber nicht für alle Funktionen. Darum wird der Unterwagen komplett über Funk gesteuert, damit können zehn doppeltwirkende Funktionen belegt werden. Und das wiederum reicht völlig. Die ganze Maschine ist übrigens über Funk steuerbar. Das ist besonders bei gefährlichen Einsätzen sehr sinnvoll, sei es beim Einsatz im Steilhang, an Abbruchkanten in Sand- und Kiesgruben oder an unberechenbaren Uferstellen an Flüssen und Bächen. Das dient einmal der Sicherheit, erweitert das Einsatzspektrum der Maschine aber auch erheblich. Angetrieben wird der Elliator von einem Mitsubishi Commonrail Vierzylinder Turbodiesel mit Direkteinpritzung und Ladeluftkühlung. Aus 4,25 Litern Hubraum kommen 122 PS.

Oben und Schemazeichnung unten rechts: Die Laufwerksrahmen sind mit austauschbaren Hydraulikzylindern am Rahmen befestigt. Dadurch pendelt das Laufwerk sehr gut.

Rechts: Für den besseren Überblick kann die Fahrerkabine bis auf eine Sichthöhe von 3,90 Meter hydraulisch gehoben werden. Das erleichtert dem Fahrer den Job ganz erheblich. Ein weiterer Vorteil ist die Endlosrotation des Oberwagens. So gibt es immer freie Sicht nach allen Seiten.

Unten links: Die Seilwinde hinten am Hubarm, links davon ist die Rückfahrkamera zu sehen

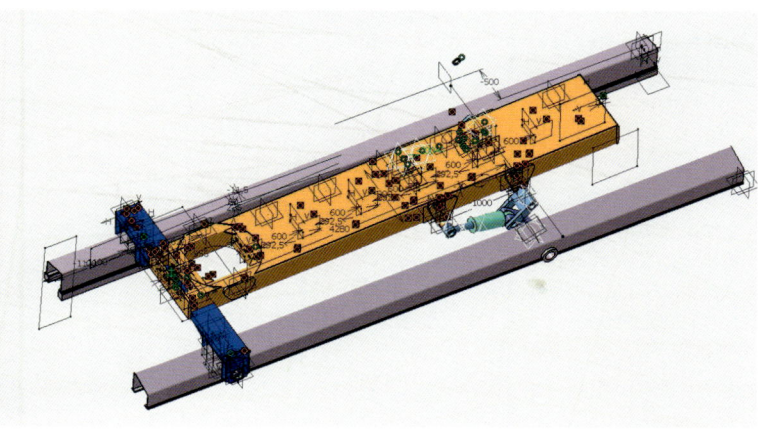

Oben: Die Fernbedienung für die Funksteuerung des Elliator.

Rechts: Der Lärmpegel in der modernen Kabine beträgt 67 Dezibel.

Unten: Der Boden ist hier nicht verdichtet, sondern mit Wasser vollgesogen. Das demonstriert Ludwig Ellinger, indem er einen Knüppel mühelos in den Boden der Rückegasse drückt (unten).

Der Motor entspricht den Vorgaben von Tier 3. 200 Liter Kraftstoff sind an Bord, im Hydrauliköltank befinden sich 160 Liter. Befüllt ist die Hydraulikanlage des Elliator mit Panolin, das mit Kleenoil-Filtern saubergehalten wird. Zwei summengesteuerte Axialkolbenpumpen mit automatischer Rückstellung auf Minimalleistung bei Neutralstellung der Bedienhebel fördern je 130 Liter Hydrauliköl je Minute.

Der Antrieb der Maschine erfolgt hydrostatisch; zwei Fahrgeschwindigkeiten gibt es. In der ersten Stufe bis 3,6 km/h, in der zweiten Stufe bis 6,0 km/h. Wobei die Fahrmotoren automatisch eine Stufe zurückgeschaltet werden, wenn auf „schnell" eingestellt ist, aber plötzlich eine höhere Traktion gefordert ist. Die Zugkraft der Maschine beträgt gewaltige 230 kN. Wo auch der Elliator nun gar nicht mehr hinkommt, nimmt man die Seilwinde, deren Auslauf im Hubarm sehr hoch liegt und so das heranzuseilende Material sehr bodenschonend herbeiholt.

Der Elliator ist für einen universellen Einsatz nicht nur in der Forstwirtschaft vorgesehen. Aber schon in der Forstwirtschaft sind die Einsatzmöglichkeiten sehr breit gestreut: Kurzholzrücken, Langholzrücken mit Klemmbank und/oder Seilwinde, Harvestereinsatz, Hackeraufbau, Forstfräse, Mulcher, Freischneider, Erdbohrer und vieles mehr. Auch beim Stromleitungsbau, bei der Trassenpflege, beim Graben- und Flußuferräumen, im Steinbruch, mit Hammer, Zange und Zerpulverer bei Abrißarbeiten, mit Bodenstabilisierer auf Großbaustellen, die Vielseitigkeit dieser Maschine kennt kaum Grenzen. Beim Einsatz in der Forstwirtschaft hat der Elliator jedenfalls überzeugt. Wenn hier und da vielleicht auch noch kleine Verbesserungen und Änderungen vorgenommen werden müssen, ist der Einsatz auf dieser Naßfläche im Bayerischen Wald im Dreiländereck Deutschland, Tschechien und Österreich sehr erfolgreich abgelaufen. Das dort liegende Käferholz konnte problemlos von der moorigen und nassen Fläche gerückt werden. Langholz, Kurzholz und obendrauf immer wieder ein paar Greifer Energieholz. Man muß es gesehen haben, um es zu glauben, wie eine Maschine sich mehrfach auf einer Naßfläche bewegt, ohne nennenswerte Spuren zu hinterlassen. Wollen wir hoffen, daß diese Einsätze mit so einer Spezialmaschine von den Auftraggebern künftig auch anständig bezahlt werden. Für die Forstwirtschaft eröffnen sich mit dem Elliator jedenfalls neue interessante Möglichkeiten. Wir haben jetzt eine Blume mehr im Strauß der Spezialmaschinen für den Einsatz auf empfindlichen Böden.

Karlsson auf dem Lehmboden

Bertil Karlsson, Forstunternehmer aus Dorsten, muß oftmals in Beständen arbeiten, die eigentlich nur bei extrem trockenem Wetter befahrbar sind. Zur Zeit arbeitet er mit seinem Ponsse Ergo in einem Laubholzbestand bei Lünen. Hier gibt es oftmals sehr nasse Ecken, denn es handelt sich um schweren Lehmboden. Da kann es noch so lange trocken gewesen sein, mit „normalen" Forstmaschinen ist dort an manchen Stellen absolut kein Durchkommen. Aber Bertil Karlsson möchte auch in diesen Ecken eine saubere Arbeit abliefern, ohne daß nach dem Einsatz tiefe Spuren und Bodenschäden festzustellen sind. Seine Aufträge liegen zum Teil in Wäldern, die als Naturschutzgebiete ausgewiesen sind; auch in FFH-Gebieten setzt er seine Forstmaschinen ein. Wir alle wissen, was das für einen verantwortungsvollen Forstunternehmer bedeutet. So ein Unternehmen steht gerade in solchen Waldgebieten unter ständiger Beobachtung. Im Sommer darf er dann übrigens auch nicht in die Laubbestände hinein. Und im Herbst regnet es sehr oft, die Winter bringen fast nie genug Frost, um die Bestände gefahrlos befahren zu können. Seit vier Wochen setzt Bertil Karlsson jetzt neuartige Voschtracks ein. Das sind Kettenlaufwerke, die anstelle der Bogieräder vorne am Harvester angebaut werden. Hergestellt werden diese Raupenlaufwerke von Aloys van Osch aus Emmerich am Rhein. Van Osch, eigentlich ein gelernter Holländer, hat dort eine Werkstatt für Bau- und Forstmaschinen. Seit zirka zwei Jahren ist er auch Vertreter für Ponsse in Holland. Durch seine Tätigkeit mit Ponsse-Maschinen kennt er diese in- und auswendig. In Südholland konnte er wegen der dortigen schwierigen Bodenverhältnisse in manchen Poldern einige Neuson-Harvester mit Raupenlaufwerken verkaufen. Zum Einschlag des Holzes ging das auch ganz gut, aber das Rücken auf diesen schwierigen Böden war das Problem. Nach einigen Überlegungen dann die Idee: Es sollte ein gemeinsames Laufwerk geben; für den Einsatz erst einmal am Harvester, danach erfolgt dann ein Umbau an den Rückezug. Also griff van Osch zum Zeichenstift und entwarf ein Laufwerk, das seinen Vorstellungen entsprach. Was bisher auf dem Markt war, gefiel ihm nicht in allen Punkten und entsprach auch nicht so sehr seinen Vorstellungen. Heraus kam schließlich ein Prototyp, der schon auf der Interforst auf dem Wahlers-Stand gezeigt wurde, der aber jetzt seine Feuertaufe im Betrieb Karlsson bestanden hat. Und zwar auf dem Ponsse Ergo des Forstunternehmers. Die Laufwerke werden anstelle der Räder an die vorderen Bogieachsen gesteckt. Der Achshersteller NAF wurde von van Osch kontaktiert und erlaubte die Verwendung unter folgender Voraussetzung: Die Belastung der einzelnen Achsen im Bogie mußte immer im Verhältnis 50 zu 50 sein, so daß die Lager und Zahnräder keine einseitigen Belastungsspitzen bekommen. Dann sind nämlich diese Bauteile nach ein paar hundert Betriebsstunden hinüber. Das passiert zum Beispiel oftmals beim Bandeinsatz, wenn die Räder im Band durchdrehen und strammer gespannt werden. Da kann die Belastung schon mal auf 80 Prozent bei einem Achsstummel steigen, manchmal sogar auf noch mehr. Auch beim einseitigen Antrieb einiger Kettenlaufwerke durch nur ein Zahnrad treten im Bogie schädliche Belastungsspitzen auf. Das passiert bei den Osch-Laufwerken nicht, denn es wird durch zwei Zahnräder angetrieben. Das ist in dieser Art einmalig, so van Osch ganz stolz. Das Laufwerk ist 70 Zentimeter breit, insgesamt 35 Platten sitzen auf jedem Laufwerk, wobei jede Platte einzeln austauschbar durch das Lösen von vier Schrauben ist. Man könnte auch breitere oder aggressivere Platten anbauen, zum Beispiel aus Stahl oder mit hohen Stegen, für den Einsatz im Berg.

Durch den Anbau kommt der Harvester vorne um etwa 17 Zentimeter höher, die Übersetzung muß aber nicht geändert werden, sie bleibt gleich. Die Ketten sind auf der Straße fahrbar, aber längere Strecken sind schwer erträglich, sagt der Fahrer des Ponsse Ergo, denn es entstehen dabei Vibrationen. Das spielt aber im Gelände absolut keine Rolle. Da sind die Bänder angenehm zu fahren, wie er während des Tests festgestellt hat. Allerdings ist die Sicht vor der Maschine etwas eingeschränkt, gibt der Fahrer des Harvesters zu bedenken. Das Gewicht eines Laufwerks komplett je Seite liegt bei 2.600 Kilogramm. Zieht man das Gewicht eines normalen Reifens mit Felge ab und rechnet dafür 890 Kilogramm, braucht kein Wasser mehr in die Reifen gefüllt zu werden, durch die Laufwerke erreicht die Maschine eine enorme Standfestigkeit. Das Laufwerk baut in der Mitte hoch, und zwar bis zu 1,9 Meter. Die Gesamtlänge des Bandapparates von der Vorderspitze bis zum Hinterteil beträgt zirka drei Meter. Die zwei Zahnräder im Laufwerk sind aus einem sehr zähen Kunststoff; die genaue Bezeichnung des Kunststoffes hält van Osch geheim, er möchte hier keine Betriebsgeheimnisse preisgeben. Unten sind zwei Laufrollen angeordnet, so daß die Platten zwischen den Zahnrädern in der Mitte nicht hochdrücken. So ist gewährleistet, daß das Laufwerk in seiner gesamten Länge auf dem Boden aufliegt. Oben sind zwei Stützrollen montiert. Die Auflagefläche je Maschinenseite beträgt 1,2 Quadratmeter. Der Anbau dieser Laufbänder an die Forstmaschine kann unter Zuhilfenahme eines Gabelstaplers in zirka zweieinhalb Stunden von jedem technischen Laien durchgeführt werden. Es sind eigentlich nur die Radbolzen zu lösen, die Räder zu entfernen und dann das neue Laufwerk aufzustecken und mit den Originalradbolzen wieder festzuschrauben. Die Kosten für einen Satz Laufbänder, also links und rechts, betragen 55.000 Euro. Dabei handelt es sich um die hier im Bestand vorgestellten Bänder. Van Osch prognostiziert, daß die Bänder zwischen 8.000 und 10.000 Stunden halten sollen. Um jetzt auch den Ponsse Ergo hinten mit den Bändern auszurüsten, muß an der Maschine etwas gearbeitet werden, es müssen kleine Änderungen vorgenommen werden. So müßte ein Stück vom Werkzeugkasten weggeflext und neu beblecht werden, dann müßte auch die Einstiegsleiter umgebaut werden und einige Dinge mehr. Der Unternehmer Bertil Karlsson ist nach den ersten hundert Stunden mit den Bändern an der Maschine sehr zufrieden. Zuerst wurden die Bänder in einem hügeligen Sandgelände getestet. Dabei zeigten sich schon große Vorteile, denn die Maschine war jetzt sehr stabil, beim Fahren am schrägen Hang gab es kaum noch ein seitliches Wegrutschen. Jetzt ist der Einsatz in einem extremen Lehmboden ebenfalls sehr aufschlußreich. Die Platten lösen sich sehr gut vom schweren Boden, sie bleiben dabei auch sehr sauber, es findet eine sogenannte Selbstreinigung statt. Auch die Zahnräder, deren Spitzen offenliegen, sind so konstruiert, daß sie sich von anhaftendem Schmutz bei jeder Umdrehung selbst reinigen. Der ganz große Vorteil bei diesen Bändern ist der, daß auf die Bogieachse keine zusätzlichen Kräfte treffen. Die Osch-Bänder haben komplett abgedichtete Lager, die über vier Schmierstellen mit Fett befüllt werden, die Schmiernippel sind in Schutzkappen verschraubt, das ist alles handwerklich sehr sauber ausgeführt. Bertil Karlsson beschreibt uns noch einen weiteren Vorteil dieser Bänder: In seinen eigentlich sehr kleinflächigen Revieren, die von Asphaltstraßen durchzogen sind, kann er jetzt die Wege überqueren, ohne auf den Asphalt zu achten, denn der Asphaltbelag wird durch die Gummiplatten geschont.

Die Rottne-Hinterachslenkung

Durch den gepflegten Forstbestand in Bayern dröhnt das Motorengeräusch eines Forwarders, der sich seinen Weg auf einer nassen Gasse sucht. Eine blaue Maschine ist es, ein Rottne-Rückezug F 13S, der auf den vorderen und den hinteren Bogieachsen mit überbreiten Bändern ausgerüstet ist. Diese Ausrüstung ist auch nötig, denn hier in der Gasse ist es so naß und der Boden darum so tiefgründig, daß der Zuschauer einen Stecken ohne große Anstrengung metertief in den Boden drücken kann. Das Forstunternehmen Weismann ist hier tätig. Der Fahrer des Rückezuges ist übrigens kein Unbekannter: Günther Weismann steuert die blaue Maschine mit kundiger Hand über die Hindernisse. Weismann hat 2012 den nationalen und den europäischen Forwarderwettbewerb auf der KWF-Tagung souverän gewonnen, auch auf der Tagung vor vier Jahren räumte er ab und sicherte sich beide Wettbewerbe als bester Fahrer. Nun, dann sitzt in diesem schwierigen Gelände der richtige Pilot am Steuerknüppel. Günther Weismann kann aber nicht nur mit dem Kran des Rückezuges sehr gut umgehen, auch das Fahren im schweren Gelände beherrscht er augenscheinlich sehr gut. In diesen nassen Gassen im Bestand kommt erschwerend hinzu, daß alte Fahrspuren vorhanden sind. Damit er diese zum Teil tiefen Geleise nicht noch weiter ausfährt, hat er die

> **Info**
>
> **Rottne-Hinterachslenkung**
>
> - Mit aktivierter Hinterachslenkung vergrößert sich der Lenkwinkel des Rückezuges von 43 Grad (am Mittelgelenk) um zusätzliche 11 Grad der Hinterachslenkung auf insgesamt gewaltige 54 Grad.
> - Der äußere Wenderadius verringert sich dadurch von 8.580 Millimeter auf 7.225 Millimeter.
> - Der Innenradius verringert sich von 4.950 Millimeter auf 3.935 Millimeter.
> - Die Hinterachslenkung kann automatisch und manuell (zum Beispiel zum spurversetzten Fahren) gesteuert werden.

Hinterachslenkung an seinem Rückezug aktiviert. Mit Hilfe der Hinterachslenkung kann er spurversetzt fahren (Fotos links und unten). Das ist hier in diesem Arbeitsbild von großem Vorteil. Durch die breiten Bänder läuft die Maschine leicht und sicher über, man glaubt es kaum, daß das so leicht vonstatten geht. Auf dem Forwarder sind Reifen in der Größe 710/45-26.5 der Marke Nokian Forest Rider aufgezogen. Für die ganz nassen Ecken im Auftragsgebiet legt Günther dann aber noch einmal vorne und hinten Bänder auf, und zwar die einen Meter breiten Clark TC15. Hiermit, und mit der Wagenlenkung beziehungsweise Hinterachslenkung, ist die Maschine hochgradig geländegängig. Das ist gerade in diesem Arbeitsbild sehr gut zu sehen. Im Revier Brunnau des Forstbetriebes Allersberg gibt es sehr viel nasse Ecken, aber auch alte Rückegeleise und Fahrspuren. Der Fahrer des F 13S kann so versetzt fahren, die alten Spuren zudrücken oder Wasserlöcher zufahren. Er muß nicht immer mit der kompletten Maschine versetzt fahren, er lenkt nur den Hinterwagen ein. Beim versetzten Fahren verteilt er den Bodendruck nicht auf zwei Meter Spurbreite, sondern fast auf 3,6 Meter. Das wird übrigens vom Revierleiter Werner Sauerhammer gerne gesehen, der mit der Arbeit der Weismanns in seinem Revier sehr zufrieden ist. Hier würde aber jeder gerne arbeiten, denn das Holz ist stark, hier kommen Meter zusammen. Wer sein Handwerk beherrscht, kann hier ordentlich Leistung zeigen. Wer dann auch noch boden- und bestandesschonend arbeitet, kann immer wiederkommen. Die Hinterachslenkung ist übrigens nicht nur beim spurversetzten Fahren von Vorteil; auch bei der Kurvenfahrt verringern sich die Wenderadien erheblich (siehe Infokasten links).

Gremo 1050F mit Street Rubbers

Bei der Bestellung seines neuen Gremo Rückezuges 2010 hatte der Forstunternehmer Michael Engl nur einen Sonderwunsch: Er bestellte die Räder mit einer anderen Einpreßtiefe. Die Reifen sollten zum Chassis der Maschine einen größeren Abstand aufweisen, denn Engl plante schon bei der Beschaffung des Gremo den Einsatz von Bändern ein. Er wollte diese an sich leichte Maschine (12,1 Tonnen Leergewicht bei 10,5 Tonnen Traglast) mit speziellen Bändern noch einsatzfähiger machen. Diese Maßnahme sollte ihm einen Wettbewerbsvorteil bieten, wobei er die zusätzliche Bodenschonung natürlich gerne in Kauf nahm. Er beschaffte sich sogenannte Street Rubbers, das sind die Bänder vom Kampfpanzer Leopard 2. Diese Bänder haben den Vorteil, daß sie bei einem Revierwechsel für die Straßenfahrt nicht demontiert werden müssen. Mit den Dingern kann man Dank der Gummibeplattung problemlos auf Asphalt fahren. Auch die Höchstgeschwindigkeit kann auf der ebenen Straße eingehalten werden. Die Maschine hat eine Zulassung für 20 km/h, die mit den Bändern auch problemlos erreicht wird. Für den Gremo mit der 710-22.5-Bereifung dauerte die Erstmontage der Bänder zirka drei Stunden. Darin enthalten sind die Anpassungsarbeiten für jedes Band. Für eine paßgenaue Montage sind unterschiedlich lange Verbindungsglieder zu bekommen. So geht die Montage doch ziemlich flott vonstatten. Durch die Höhe der Bänder muß der Rückezug grundsätzlich immer vorne und hinten mit Bändern ausgerüstet werden. Sind nur auf der Hinterachse Bänder vorhanden, ändert sich der Abrollumfang auf dieser Achse erheblich und kann das Übersetzungsverhältnis zu der anderen Achse gewaltig stören, so daß es vermutlich auf die Dauer zu Beschädigungen im Antriebsstrang oder im Getriebe kommen würde. Damit die Bänder nicht an die Rungenbänke schlagen, wurde der Pendelweg der hinteren Bogies begrenzt. Die Rungenbänke sind hinten sehr weit heruntergezogen, um einen niedrigen Schwerpunkt der Maschine zu erreichen. Durch den vorderen kurzen

Doppelt beeindruckend: die erhöhte Bodenfreiheit durch die Bänder, aber auch der vordere kurze Überhang des Gremo hilft im Gelände. Rechts: Bei Engls Eco Log 590 C sind nur auf der Bogieachse Bänder montiert.

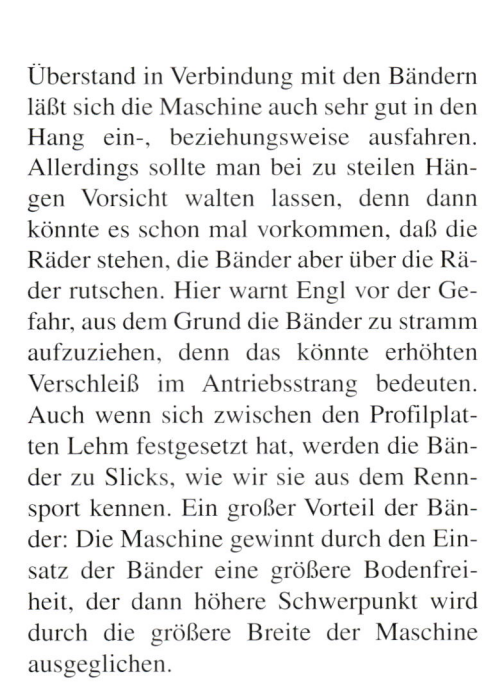

Überstand in Verbindung mit den Bändern läßt sich die Maschine auch sehr gut in den Hang ein-, beziehungsweise ausfahren. Allerdings sollte man bei zu steilen Hängen Vorsicht walten lassen, denn dann könnte es schon mal vorkommen, daß die Räder stehen, die Bänder aber über die Räder rutschen. Hier warnt Engl vor der Gefahr, aus dem Grund die Bänder zu stramm aufzuziehen, denn das könnte erhöhten Verschleiß im Antriebsstrang bedeuten. Auch wenn sich zwischen den Profilplatten Lehm festgesetzt hat, werden die Bänder zu Slicks, wie wir sie aus dem Rennsport kennen. Ein großer Vorteil der Bänder: Die Maschine gewinnt durch den Einsatz der Bänder eine größere Bodenfreiheit, der dann höhere Schwerpunkt wird durch die größere Breite der Maschine ausgeglichen.

Von äußerer Führungsplatte zu Führungsplatte gemessen, ist die Maschine knapp unter drei Meter breit. Rückt Engl hinter dem Harvester her, macht diese Breite keine Probleme. Dadurch steht der Gremo aber sehr sicher, auch bei voller Kranauslage von 9,20 Metern oder auch in Schräglage. Insgesamt 70 Zentimeter breit ist so ein Band und wiegt zirka 800 Kilogramm. Der Bodendruck beträgt mit diesen Bändern pro Quadratzentimeter Aufstandsfläche natürlich erheblich weniger als im Vergleich zu der Normalbereifung des Rückezuges. Für die vier Bänder am Gremo-Rückezug, die gebraucht waren und darum zirka fünf Millimeter weniger Profil aufwiesen, mußte Engl knapp 16.000 Euro bezahlen. Für seinen Harvester Eco Log 590 C waren die Bänder wegen der größeren Bereifung der Maschine länger und auch neuer, also mit mehr Profil, und kosteten als Paar 14.000 Euro. Bei dem Eco-Log ist es übrigens egal, wenn sich das Übersetzungs- beziehungsweise das Abrollverhältnis von Bogieachse zu Einzelachse ändert; das regelt Engl bequem per Ölzufuhr an die Radmotoren wieder ein.

Die Streetrubbers haben für Engl folgende weitere Vorteile: Einmal ist da die extreme Bodenschonung im Bestand, aber auch die Schonung der Waldwege spielt eine große Rolle. Im kleinstrukturierten Privatwald wird von Schlag zu Schlag auch über Asphaltstraßen per Achse schnell umgesetzt, ohne die Bänder immer wieder zu demontieren. Das ist eine gewaltige Zeitersparnis, gerade bei kleinen Flächen. Es ist mehr als verständlich, daß manche Maschinenführer für einen kleinen Rückeauftrag nicht extra Bänder montieren wollen. Immer wieder zum Schaden des Waldes ... Engl berechnet je gerückten Festmeter einen Euro Aufpreis, wenn er mit Bändern auf Vorder- und Hinterachse fährt. Ist auf dem Harvester nur das eine Paar montiert, kostet der Festmeter 0,50 Euro Aufpreis. Bei allen Waldbesitzern, bei denen er mit dem Gremo mit Bändern rückte, gab es keine Probleme mit den Mehrkosten, gerade nach dem gezeigten Arbeitsbild in problematischen Bereichen. Engl nennt aber auch deutlich einige Nachteile der Bänder. Er glaubt, daß die Lebensdauer nicht so sehr lange ist. Nach maximal 5.000 Betriebsstunden werden die Bänder heruntergefahren sein, befürchtet er. Wogegen ein Metallband fast ein ganzes Maschinenleben lang hält. Auch beim Einsatz in Laubholzbeständen sieht er große Probleme. So könnten daumendicke Stöcke oder scharfkantiges gebrochenes Kronenmaterial den Bändern arg zusetzen. Diese Stöcke und Äste stechen in das Gummimaterial der Bänder ein und lösen es nach und nach von der Grundplatte. Wenn so eine Platte mal „platt" ist, leidet der Fahrkomfort extrem, wie Engl sagt. Steine können ebenfalls die Gummiblöcke zerstören. Aber trotz einiger Probleme und Nachteile beim Einsatz der Street Rubbers sieht Engl den Einsatz positiv. Für ihn lohnte sich die Anschaffung der Bänder bisher immer. In den Revieren, in denen er arbeitet, hat er damit erkennbare Vorteile.

940er Reifen im Achterpack

Wer in den Wäldern im äußersten Südwesten Deutschlands unterwegs ist, hat die Chance, eine wirklich ungewöhnliche Forstmaschine zu entdecken: einen signalorangen HSM 208F. Neben der Farbe sind vor allem die Räder auffällig. Sie tragen Reifen mit fast einem Meter Breite, und dazu sind es auch noch acht an der Zahl – wirklich untypisch für eine Kombimaschine. Der HSM gehört dem Forstunternehmer Frank Keller aus Rheinfelden.

Eine neue Maschine wurde nötig, da die Firma Keller immer mehr verschiedene Sortimente rücken muß, alleine im Laubholz sind es über 20. Im Oktober 2011 durfte Frank Keller seinen neuen HSM in Empfang nehmen. Es handelt sich um eine Kombimaschine auf Forwarder-Basis, aber nicht um den 208F Kombi. Der Hersteller nennt dieses neue Modell 208F Kurzchassis. Im Prinzip kombiniert der Forstmaschinenbauer aus dem Hohenlohekreis bei diesem Typ den Vorderwagen des Rückezugs 208F mit dem Hinterwagen des Kombi-Skidders 904F 6wd. So entsteht eine Achtrad-Kombimaschine, die dann für alle erdenklichen Sortimente gerüstet ist.

Frank Keller wird seinen 208F Kurzchassis überwiegend fürs Langholzrücken nutzen. Hierzu ist die Maschine mit einer 1,8-Quadratmeter-Klemmbank, einer Adler-Doppeltrommelwinde mit zweimal zehn Tonnen Zugkraft sowie Front- und Heckschild ausgestattet. Der Seilrollenbock ist höhenverstellbar. Stirngitter und erstes Rungenpaar lassen sich in einem Stück per Kran herunternehmen, so daß der Fahrer freie Sicht auf die Klemmbank hat. Ebenso kann die hintere Rungenbank abgenommen werden; soll Kurzholz gerückt werden, stehen drei verschiedene Positionen zur Verfügung. So ist das Rücken von Sortimenten bis sechs Meter Länge möglich, von Zwei- und 2,50-Meter-Abschnitten können auch zwei Stöße geladen werden. Natürlich spendierte HSM auch der Klemmbank ein Schnellwechsel-System, so daß ein zügiger Wechsel von Lang- zur Kurzholzrückung und umgekehrt möglich ist. Als Kran kommt der X120F von Epsilon zum Einsatz. Er ist der zweitstärkste Forwarderkran der Österreicher und macht dank 159 kNm Brutto-Hubmoment auch beim Laden oder Poltern der ganz dicken Dinger nicht sofort schlapp. Die Reichweite beträgt 10,20 Meter.

Die acht Räder haben mehrere Vorteile. Zum einen verbessern sie den Komfort, beispielsweise beim Überfahren von Stökken. Wichtiger ist aber der geringe Bodendruck, der durch die gewaltige Bereifung weiter reduziert wird. HSM entschied sich für den „Flotation 23° Deep Tread" der Marke Firestone. Er sei quasi der einzige vernünftige Forstreifen in dieser großen Breite, erklärt HSM-Verkaufsleiter Thomas Wehner. Die genaue Größenbezeichnung lautet 54x37.00-25 – umgerechnet aufs metrische System verbirgt sich dahinter eine Reifenbreite von sagenhaften 940 Millimetern. Der 208F verursache deshalb nicht mehr Bodendruck als eine herkömmlich bereifte Maschine mit Bändern, ist sich Frank Keller sicher. Allerdings verschonen seine Breitreifen die Waldwege, ganz im Gegensatz zu Bändern. Kaum zu glauben, aber wahr: Der Kombi-Forwarder ist mit dieser Bereifung nicht breiter als drei Meter – wichtig für Überführungsfahrten, aber vom Förster werden breitere Maschinen auch ungerne in der Gasse gesehen. Für stets ausreichenden Vortrieb sorgt ein 6,7 Liter großer Sechszylinder-Turbodiesel von Iveco mit 238 PS. Das Drehmoment beträgt 1.020 Nm bei 1.500 Umdrehungen pro Minute, der hydrostatisch-mechanische Fahrantrieb macht daraus 175 kN (rund 17,5 Tonnen) Zugkraft. Logisch, daß sich die ganze Technik auf der Waage bemerkbar macht: Für die Grundausstattung gibt HSM 17,2 Tonnen an, mit starkem Kran, Schildern und Co. wird es schnell noch mehr. Das ist verhältnismäßig viel für einen Skidder, aber wohl akzeptabel für eine solch vielseitige Achtrad-Maschine.

Text und Fotos: *Jan Biernath*

Für die ganz nassen Ecken

Auch in Finnland kennt man die Probleme mit der Befahrbarkeit des Waldbodens. In Finnland stehen sehr viele Wälder auf Moorböden, die eigentlich nur in sehr strengen Wintern befahrbar sind. Durch fehlenden Frost, ob durch den Klimawandel bedingt oder nicht, durch den steigenden Holzverbrauch, durch steigende Niederschläge zur Unzeit und weitere Faktoren, sollen oder müssen diese Flächen auch im Herbst und im Sommer befahren werden. Und wenn man es denn richtig anstellt, geht das sogar ohne große Probleme ab. Man muß dann entweder eine bestehende Maschine mit Breitbereifung und Bändern aufrüsten, oder gleich eine Maschine für empfindliche Böden bauen. Das Unternehmen Pro Silva aus dem finnischen Ruovesi hat sich für die zweite Variante entschieden. Man hat dort einen neuen Rückezug passend zum Boden entwickelt und gebaut. Der Rückezug, bei dessen Präsentation ich als einziger mitteleuropäischer Fachjournalist exklusiv anwesend war, heißt Pro Silva 15-4 ST, der sogenannte Bog Hopper. Dieser neue 15 Tonnen Rückezug des finnischen Herstellers läuft auf Raupen, die 80 Zentimeter breit sind. Es können aber auch Raupen bis zu einem Meter Breite an diese Maschine angebaut werden. Mit den 80er Raupen, die auch auf den Pro Silva Harvestern 910 und 810 laufen, soll im „Normalgelände" gefahren werden. Durch ein ausgeklügeltes System sind der Rahmen und die Kabine des Rückezuges auf den Raupen beweglich und federnd befestigt. So ist ein sehr sanftes und schonendes Fahren, gerade mit Last, möglich. Sehr positiv muß angemerkt werden, daß man bei Pro Silva nicht auf eine unsinnige Gewichtsdebatte hereingefallen ist. 15 Tonnen Nutzlast sind für so eine Maschine schon eine Hausnummer. Hier wird nicht nur die Fahne der Ökologie geschwenkt, sondern auch die ebenfalls wichtige Ökonomie berücksichtigt. Durch die elastische Aufhängung pendelt die Achse mit den Raupen nicht, sondern das Gewicht der Maschine bleibt verteilt auf der kompletten Lauffläche. Man hat mit diesen Raupen zwar einen etwas höheren Bodendruck als zum Beispiel eine Achtrad-Maschine – theoretisch! Praktisch soll das aber durch den immer gleichmäßigen Druck auf die gesamte Lauffläche vorteilhafter sein. Beim Einfahren in den Hang gibt es ebenfalls keine Probleme, weil das vordere und hintere Laufrad an jeder Seite des Rückezuges höher ist als die Lauffläche des Bandes angesetzt ist (siehe Grafik). Alle vier Raupen sind mit je zwei starken Federn aus dem Lkw-Bereich und je einem Stoßdämpfer am Chassis befestigt. So federn die Raupen nach oben und unten, also in beide Richtungen. Die Bodenfreiheit unter der Maschine beträgt übrigens gewaltige 70 Zentimeter. Das Chassis und die Kabine des Rückezuges sind vom deutschen Hersteller HSM. Deren Forwarder 208F hat den Pro-Silva-Leuten so gut gefallen, daß sie sich die Teile von HSM dazugekauft haben. So sieht die Maschine von vorne auch wie ein HSM Rückezug aus, allerdings in einer anderen Farbe. Mit HSM besteht eine sehr gute Zusammenarbeit, die auch noch weiter ausgebaut werden soll.

Matti Soininen, Europa-Verkaufsleiter bei Pro Silva, sagt ganz deutlich, daß man schon länger einen Rückezug bauen wollte; mehrere Versuche wurden über die Jahre gestartet, aber keiner führte zum Erfolg. Und Radmaschinen sollten es nicht werden, denn davon gibt es schon unzählige Modelle von anderen Herstellern auf dem Markt. Man hätte so für einen Verkaufserfolg ein noch besseres Modell bauen müssen als die Mitbewerber. Das wäre sehr schwer geworden, so Soininen. Und darum besann man sich auf die eigenen Erfahrungen beim Bau von Raupenmaschinen. Ein weiterer Punkt kam dazu: Auch in Finnland gibt es eine aktuelle Debatte über die Befahrbarkeit von bestimmten Böden. Von der Forstseite ist man dort mittlerweile soweit, die Waldflächen nach Sommer- und Winterwäldern einzuteilen. Wobei von der Auftraggeberseite für die Holzernte in schwer zu befahrenden Beständen (Sommerwald) mehr bezahlt wird als für die Ernte in leicht zu befahrenden Beständen (Winterwald). Und hier gab es überall Handlungsbedarf, den man bei Pro Silva dann auch rechtzeitig erkannte. Seit zwei Jahren ist man mit dem Raupenrückezug am probieren und experimentieren. Jetzt konnte die erste Serienmaschine einer interessierten Öffentlichkeit vorgestellt werden. Am 26. April 2010 war es soweit: Im finnischen Ruovesi, das liegt zirka 90 Kilometer östlich von Tampere, zeigte Pro Silva den Rückezug 15-4 ST (15 Tonnen Nutzlast, vier Bänder und zwar Soft-Trakks). Dieser Rückezug wird ebenso wie der 208F von einem 238 PS starken Iveco-Motor angetrieben. Die Kraft geht über einen Hydrostaten an die Bänder. 4,5 Quadratmeter beträgt der Lastquerschnitt des Rungenkorbes, beladen wird mit einem Kesla 800T Kran, der eine Reichweite von 10 Metern hat. Die Rungen können noch erhöht werden, dazu wird das obere Stück einfach herausgezogen und umgedreht wieder eingesteckt. Das ergibt eine Laderaumerhöhung um 20 Zentimeter. 22 Tonnen wiegt die Leermaschine, das zulässige Gesamtgewicht beträgt 37 Tonnen. Also kann eine Last von 15 Tonnen aufgesattelt werden. Der Bodendruck dieser Maschine liegt bei 408 Gramm je Quadratzentimeter an den vorderen Raupen im leeren und auch beladenen Zustand. Hinten beträgt der Bodendruck 240 Gramm je Quadratzentimeter leer, voll beladen liegt er bei 623 Gramm. Zwischen Vorder- und Hinterwagen findet ein Lastausgleich bei Bodenunebenheiten statt. Per Computer (IQAN) wird am Mittelgelenk mittels zweier Hydraulikzylinder die Last- beziehungsweise Druckverteilung auf die Raupen geregelt. Sackt eine Raupe im Gelände ab, wird die Last per Zylinder auf die restlichen drei Bänder gegeben. Drei Einstellungen gibt es dafür: Aus, Ein und Automatik. Wobei die Automatikfunktion noch einmal zwei Einstellungen aufweist: Eine für weiche Böden, eine für Steinböden.

Bei der Vorführung konnte die Maschine überzeugen. In einem sehr nassen Waldstück hinter dem Werksgelände fuhr der Rückezug mehrfach beladen über sehr empfindliche Böden und auch mehrmals durch wasserführende Gräben, ohne Schäden am Boden zu hinterlassen. Das war übrigens eine sehr eindrucksvolle Vorführung. Dabei konnte auch die Ausgleichsfähigkeit des Raupensystems gut beobachtet werden.

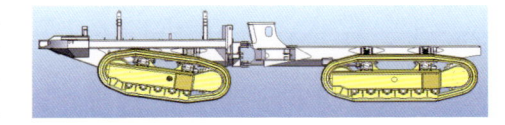

Links und rechts: Durch ein ausgeklügeltes System sind der Rahmen und die Kabine des Rückezuges auf den Raupen beweglich und federnd befestigt.

Oben rechts: Die Ausgleichsfähigkeit des Raupensystems ist hier sehr gut zu sehen, gerade beim Abladevorgang tritt das sehr deutlich zutage. Zwischen Vorder- und Hinterwagen findet zusätzlich ein Lastausgleich statt.

Die Raupe ohne Namen

Wer über eine eigene Werkstatt mit guten Monteuren verfügt, hat nicht nur in der Forstbranche viele Vorteile. Der bayerische Forstunternehmer Karl Hagl baute sich einen Räumrechen, eine Pflanzfräse und ein mobiles Hackschnitzellager (Seite 32). Für die ganz nassen Ecken in seinem Auftragsgebiet baute er sich jetzt eine Transportraupe, die per Funksteuerung gefahren wird. Die Raupe hat noch keinen Namen, sie wird einfach nur „Raupe" genannt. Schon bei der Jungfernfahrt, also im ersten Einsatz, konnte die Raupe nutzbringend für das Forstunternehmen Hagl eingesetzt werden. Ich war bei der Erprobung der Raupe dabei.

Aus einem gebrauchten Baggerlaufwerk baute Karl Hagl aus Eiselfing bei Wasserburg/Inn einen Transporter für die Forstwirtschaft. Für besonders nasse Ecken eignet sich das Laufwerk dieses neuen Forsttransporters übrigens sehr gut. Das Laufwerk ist 4,50 Meter lang und die einzelnen Ketten sind 80 Zentimeter breit. Darüber hat Hagl einfach einen Rahmen gelegt, der die Ladepritsche und die Rungen aufnimmt. Vorne an der Maschine sitzen Motor und Hydrostat und werden durch einen kleinen Rahmen und ein Abdeckblech geschützt. Als Motor hat Hagl einen luftgekühlten Deutz Sechszylinder mit 110 PS eingebaut. Der Hydrostat mit Fahrmotor stammt vom unvergessenen Pieter van Slingerlandt, der ihn damals, also vor ungefähr 25 Jahren, in einen Harvester einbaute. Karl Hagl hatte das Ding bei sich irgendwo im Lager herumliegen und konnte ihn bei dieser Maschine jetzt wieder gut gebrauchen. Zwei Fahrpumpen treibt dieser Hydrostat an; über HBC Funk werden die Motoren angesteuert. Der Fahrer geht während des Fahrbetriebs neben oder vor der Maschine und hat die Fernsteuerungsbedienung umgehängt. Zum Fahren drückt er einfach nur zwei Hebel in seinem Steuergerät. Das Laufwerk des ehemaligen Atlas-Bagger 1304 wurde von Hagl in seiner Werkstatt komplett überholt, Zahnräder und Ketten wurden erneuert; es sind übrigens spezielle abgedichtete Ketten, so wie sie in Baumaschinen verwendet werden, also für Fahrzeuge, die sich durch sehr viele Fahrbewegungen auszeichnen.

Hagl schätzt, daß die Raupe zirka sechs bis sieben Tonnen wiegt. Er hätte beim Rahmen noch gewaltig Gewicht einsparen können, aber das wäre wiederum mit größerem Aufwand in der Werkstatt verbunden gewesen. Auf Schnickschnack wurde bei diesem neuen Gerät also verzichtet.

Das Ding sollte in den Einsatz gehen und Geld verdienen, beziehungsweise die Arbeit in nassen Ecken ermöglichen und leichter machen. Ich war von Karl Hagl eingeladen, mir die Jungfernfahrt der Raupe anzusehen. Da das Thema Bodenschutz eine immer größere Rolle spielt, ist diese Raupe natürlich auch für die Forstbranche insgesamt sehr interessant. Die Raupe wird gerade in einem Moorstück bei Rosenheim eingesetzt. Für den Rückezug wurde hier eine befestigte Gasse angelegt, in die Reisig und Hackholz eingebaut wurden. Sonst hätte hier kein Rückezug bei mehrmaligen Überfahrten eine Chance gehabt. Der Harvester 901 II wurde für diesen Einsatz vorne mit Bändern ausgerüstet, hinten mit einer Zwillingsbereifung. Auf die Standardreifen in der Größe 650-34 schraubte Hagl noch mal einen Satz 700er Reifen. Das hält gewaltig über, so Hagl. Auch er wunderte sich zuerst, daß die Zwillingsbereifung so gut überläuft.

In diesem Arbeitsbild soll der komplette Fichtenbestand von einer sehr moorigen Fläche entfernt werden, da diese Moorfläche aus „Naturschutzgründen" wiedervernäßt werden soll. Um das eingeschlagene Holz nun mit dem Rückezug aus der Fläche herauszubekommen, wurde die Hauptabfuhrgasse mit Reisig und Bruchholz armiert. Durch den Einbau des Reisigmaterials konnte der Valmet Combi das komplette eingeschlagene Holz tatsächlich ohne Bodenschäden an den Lkw-fähigen Weg bringen. Nach dem Rücken kam dann die Raupe zum Einsatz. Der Harvesterkopf am Valmet wurde gegen einen Reisiggreifer getauscht, mit diesem dann das Material aus der Gasse auf die Raupe geladen. Mit der Raupe wurde dieses Holz dann zum mobilen Hacker oder direkt zum Polter an den Weg gebracht. Während die Raupe eine Ladung Reisig und Altholz zum Weg brachte, schichtete der Harvesterfahrer das Material aus der Gasse vor sich auf, damit bei Rückkehr der Raupe genug Material für eine schnelle Beladung der Raupe bereitstand. Das klappte hier schon mal ganz gut, Jungfernfahrt also bestanden. Am befestigten Weg wurde das Holz je nach Bedarf gehackt oder auf ein Polter neben dem Hacker gepackt. Das Entladen der Raupe und Beschicken des Hackers erfolgte mit dem Kran des Valmet Combi. Den Jenz-Hacker hat Hagl übrigens mit einem Austragband ausgerüstet, das spart gewaltig Kraftstoff, denn das alte Gebläse hat ihm zuviel Leistung gefressen. Zwanzig bis fünfundzwanzig Prozent Leistungsersparnis hat Hagl gemessen, das ist in der Tat gewaltig. Auch das Hackmaterial behält mit einem Förderband besser seine Konsistenz, die Lärm- und Staubentwicklung ist ebenfalls erheblich weniger geworden. Dieses gehackte Material wird erst einmal in das mobile Zwischenlager verbracht, das 200 Schüttraummeter aufnimmt. Über das mobile Zwischenlager berichtet dieses Buch auf Seite 32. Bei Bedarf holt sich der Schubboden-Lkw, der mit dem Kran des mobilen Lagers beladen wird, hier seine Portion Hackschnitzel. So kann sehr flexibel auf Kundenwunsch reagiert werden. Mit dieser Raupe kann natürlich auch das eingeschlagene Holz gerückt werden. Hagl startet demnächst einen Versuch, das Holz direkt mit dem Harvester auf die Raupe zu schneiden. Die Einsatzmöglichkeiten ergeben sich bei jedem neuen Auftrag, gerade bei den nassen Ecken in der Rosenheimer Gegend, aufs Neue. Die Ladefläche dieser Raupe ist 2,80 Meter breit und 4,20 Meter lang.

Transportiert wird die Raupe mit dem betriebseigenen Tieflader. Die Ladefläche ist übrigens schnell wechselbar; nur zwei Schrauben sind zu lösen, dann könnte zum Beispiel eine Kipperbrücke oder ähnliches montiert werden. Auch ein mobiler Kran ist denkbar. Da wird vom Forstunternehmer Hagl sicherlich in Zukunft noch einiges zu hören sein.

Oben: Mit dem Harvesterkran, an dem ein Reisiggreifer befestigt ist, läßt sich die Raupe schnell und sicher beladen.

Rechts: Wenn von der Berufsgenossenschaft niemand in der Nähe ist, kann man mit der Raupe auch schon mal menschliche Last fahren ...

Raupen-Multifunktionsfahrzeug

In den voralpinen Wäldern mit starkem Gefälle und empfindlichen Böden ist die Holzbringung mit einem Radfahrzeug vielfach nur bei Inkaufnahme von beträchtlichen Geländeschäden möglich. Als Alternativen bieten sich bis heute lediglich der Einsatz von Seilbahnen oder Helikoptertransporte an, was insbesondere für kleine Holzmengen umständlich und kostenintensiv ist.

Ein leistungsfähiges Raupenfahrzeug kann die ideale Lösung für die geforderte schonende und trotzdem effektive Holzbringung unter schwierigen Verhältnissen sein. Darum hat man sich beim schweizerischen Unternehmen Gebr. Rappo AG schon vor einigen Jahren Gedanken gemacht, um zu einer allumfassenden Lösung zu gelangen. Mit dem im Jahr 2005 erstmals vorgestellten Rapptrac 6000 schließt man seitdem bei Rappo eine Lücke im Angebot. Leistungsstark mit 85 PS und einem großen, geländegängigen Pendelrollenfahrwerk mit Gummiraupen bietet das Grundfahrzeug eine solide Basis für den Aufbau einer leistungsfähigen Rückeeinrichtung mit Sechs-Tonnen-Winde. Zwei Quadratmeter Raupen-Auflagefläche bewegen die 4500 Kilogramm Eigengewicht der Maschine schonend durch den Wald und hinterlassen mit 230 Gramm je Quadratzentimeter Bodendruck praktisch keine Spuren. Der Rapptrac kann sowohl im Führerstand als auch mit der eigens dafür konzipierten Funksteuerung bedient werden. Mit nur einem Joystick lassen sich alle Bewegungen des Fahrwerks steuern, während mit dem zweiten die Windenfunktionen und die stufenlose Drehzahlverstellung des Motors kontrolliert werden. Um eine möglichst hohe Wirtschaftlichkeit zu erzielen, muß ein Fahrzeug vielseitig einsetzbar sein. Deshalb bietet das Schweizer Unternehmen den Rapptrac zusätzlich mit einer hydraulischen Kippbrücke an, die eingesetzt werden kann, ohne die Rückeeinrichtung zu demontieren. Eine weitere Option ist die Dreipunkthubvorrichtung, kombiniert mit einer hydraulischer Zapfwelle. Mit dem Konzept des aufgesattelten Trägerrahmens lassen sich auch kundenspezifische Wünsche leicht realisieren. Dem Einsatz des Rapptrac sind somit fast keine Grenzen gesetzt. Es können auch Hacker auf- und Mulcher angebaut werden, als Prozessorträger ist der Rapptrac ebenso gut einsetzbar wie als Trägerfahrzeug für die Schneefräse. Der Rapptrac kostete bei seiner Erstvorstellung im Jahr 2005 mit kompletter Funksteuerung 160.000 Schweizer Franken und kann auf Kundenwunsch speziell ausgerüstet werden.

Der Fahrerstand ist funktionell und übersichtlich; alle Funktionen der Maschine können auch über Funk gesteuert werden.

Links: Mit einer Länge von 3,8 Metern und einer Breite von 1,95 Metern ist der Rapptrac 6000 sehr kompakt gehalten.

Rechts: Der Rapptrac kann mit einer Kippbrücke aufgerüstet werden, dient als Trägerfahrzeug für Hacker, Mulcher, Mäher und mehr. Auf Wunsch ist eine Dreipunkthydraulik, auch in Kombination mit einer Zapfwelle, lieferbar.

Auf Panzerketten in der Heide

Fritz Thomüller, in der Branche als Bastler, Tüftler und Erfinder bekannt, seit zig Jahren in der Firma Franz Konrad im niedersächsischen Buchholz tätig, hatte schon im Jahre 2004 die Zeichen der Zeit erkannt und sich für seinen Rückezug, den er seit Jahren fährt, etwas Besonderes ausgedacht: er verpaßte dem Rückezug Bänder, mit denen er auch problemlos auf der Straße fahren kann.

Fritz rüstete seinen Ponsse sozusagen zum schnellen straßentauglichen Kampfpanzer um, denn von einem alten Armeepanzer, einem M48, baute er sich die Ketten ab. Am Ponsse-Rückezug entfernte er die Originalbereifung und ersetzte diese gegen Lkw-Zwillingsreifen, die eine Felge mit dem entsprechenden Lochkreis hatten. Vorher mußte er noch die Original-Radbolzen gegen längere tauschen, damit die Zwillingsbereifung montiert werden konnte. Über die Zwillingsräder zog er dann die Panzerketten, die aber erst einmal umgerüstet werden mußten. Damit die Ketten nicht abspringen können, denn sie haben keine seitlichen Führungen, verpaßte er ihnen sogenannte Führungsnasen, die genau zwischen die Zwillingsbereifung greifen. So wird das Abspringen der Kette verhindert. Auf nassen Standorten und sogar moorigen Böden ist es ein hervorragendes, bodenschonendes Fahren. Wo man mit Rädern alleine nicht mehr fahren kann, erlauben die Bänder ein Weiterarbeiten. Im Bergeinsatz ist diese Kombination, wegen der geringeren Zugleistung, aber nicht so vorteilhaft, doch in Norddeutschland gibt es so gut wie keine Berge mit Steilhängen. Fritz Thomüller arbeitet mit der Maschine oftmals in Stadtwäldern, wie zum Beispiel in Hamburg, und auch sehr viel in den Hamburger Naherholungsgebieten. Hier leisten seine Bänder ungeahnte Dienste, denn die Wege werden kaum beschädigt. Durch die Gummiplatten auf den Bändern darf Fritz Thomüller auch auf öffentlichen Straßen fahren. Es muß also nicht ein Bandwechsel bei jedem Umsetzen auf der Straße passieren. Die Bänder sind insgesamt 63 Zentimeter breit und dehnen sich auch nicht wie normale Bogie-Bänder in der Länge. Bei den Zwillingsreifen achtete Fritz Thomüller darauf, daß sie möglichst tief abgefahren sind, dann paßte die Kettenlänge genau. Insgesamt 16 Lkw-Reifen benötigte er für den Rückezug. Zu den Kosten sagt Thomüller, daß er die Bänder und Räder für den Schrottpreis gekauft hat, hinzu kommen noch die allerdings sehr umfangreichen Umbauarbeiten, denn das Anschweißen der "Nasen" nahm doch einige Zeit in Anspruch. Für die Zukunft plant er, noch breitere Ketten zu besorgen. Die hier vorgestellte Kombination macht dem Ponsse-Rückezug einen verhältnismäßig schlanken Fuß. Würde die Maschine damals schon den heutigen "Standard" von manchmal über drei Meter Breite erreichen, bedeutete das den Verlust von Aufträgen. So ändern sich die Zeiten ...

Oben: Die Panzerketten auf den Lkw-Zwillingsreifen machen einen "schlanken Fuß" beim Ponsse-Rückezug.

Rechts: Hier ist sehr gut eine sogenannte Führungsnase zu sehen, die genau zwischen die Zwillingsbereifung greift. So wird das Abspringen der Kette verhindert.

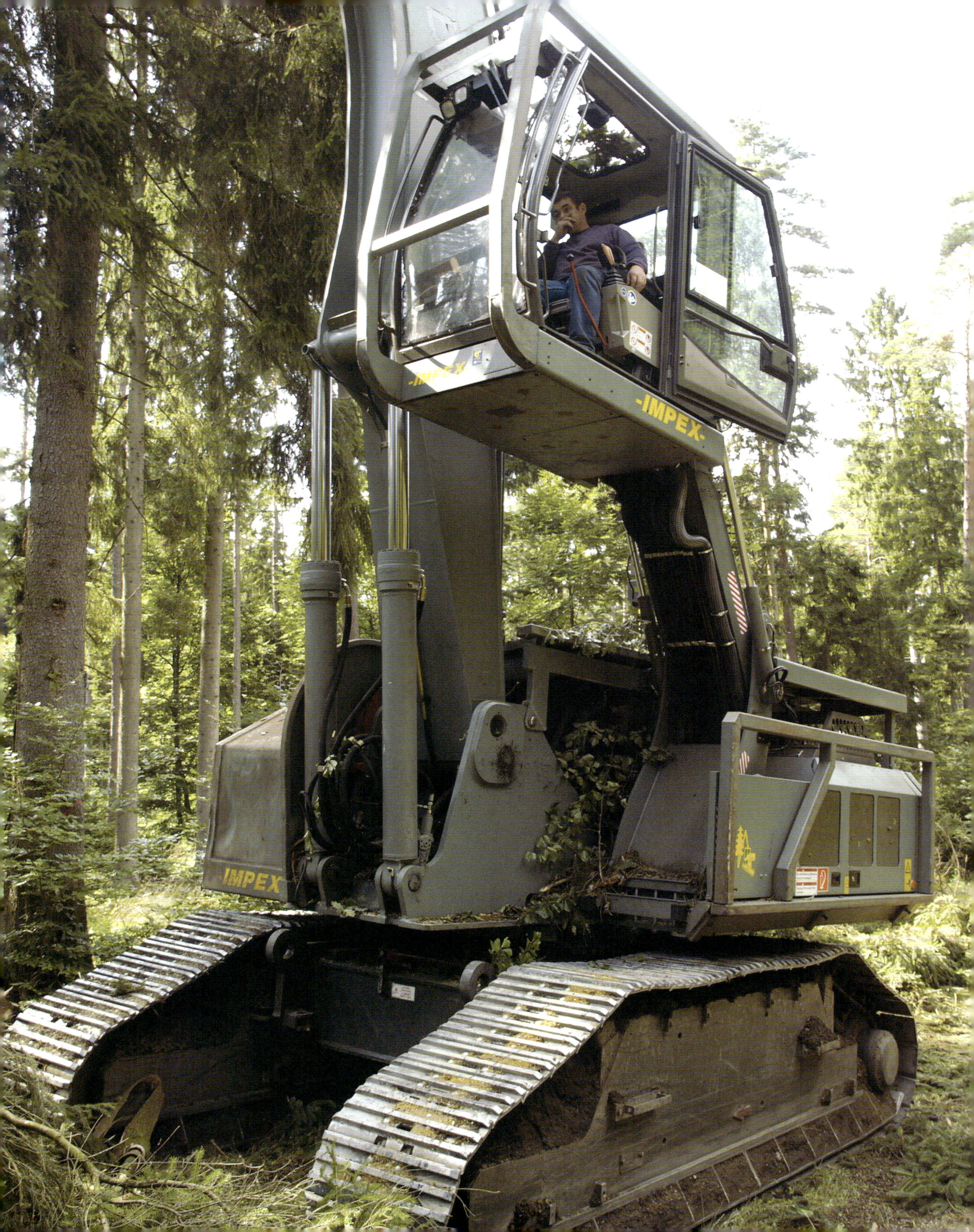
-IMPEX-
-IMPEX-
IMPEX

Holz am ausgestreckten Arm

Einen Baum in einer Naturverjüngung fällen, 15 Meter herausheben und dann punktgenau ablegen und aufarbeiten: Das sind die Stärken des neuen Impex Raupenharvesters Hannibal. Das Einsatzgebiet des Hannibal liegt vorzugsweise bei Kahlschlägen und Altholzdurchforstungen. Eine weitere Spezialität des Hannibal ist der Einschlag in Naturverjüngungen – ohne Schäden an der Verjüngung zu hinterlassen. Bis 15,5 Meter langt der Hannibal mit seinem starken Kran hin, fällt und hebt den „gefällten" Baum senkrecht aus dem Bestand heraus, um ihn am Weg aufzuarbeiten. So ist ein bestandesschonendes Arbeiten möglich – einfach vom Weg aus. Aber der Hannibal kann noch mehr. Seine Stärken spielt er bei der Endnutzung und der Durchforstung starker Altholzbestände aus. Und beim Umsetzen von Abteilung zu Abteilung ist zu sehen, wie er sich am Wegesrand noch mal schnell 1000 Festmeter zusammenpflückt.

Im Revier Geibenstetten des Forstbetriebes Freising setzte das damalige Unternehmen Impex im Auftrag von Germania Holz den neuen Raupenharvester Hannibal ein. Das Einsatzgebiet des Hannibal ist breit gefächert: Kahlschläge, Altholzdurchforstungen und auch Einzelstammentnahme aus der Naturverjüngung vom Weg aus. Gerade beim letztgenannten Punkt, der gezielten Einzelstammentnahme aus einer Naturverjüngung heraus, leistet der neue Hannibal gewaltiges. So hebt er mit 15,5 Meter Reichweite den zu entnehmenden Baum mühelos über die Naturverjüngung hinweg. Der verbleibende Jungbestand wird so natürlich geschont. Obwohl: Geschont ist nicht der passende Begriff, denn die Naturverjüngung wird weder betreten, befahren, noch wird der Baum später mit dem Seil herausgezogen. Die maximale Stärke des Baumes kann dabei schon mal gerne vier Festmeter betragen, der Durchschnittsbaum bei dem von mir beobachteten Einsatz im Jahr 2005 hat zwei bis 2,5 Festmeter Inhalt. Damit der Fahrer den Bestand gut überblicken kann, ist die Kabine des Harvesters bis zu einer Höhe von 5,8 Meter hydraulisch anzuheben. So ist nicht nur ein exzellenter Überblick über den Bestand möglich, sondern auch für Spezialaufgaben, zum Beispiel bei einer irgendwann mal anstehenden Holzverladung, ist die Maschine damit gut gerüstet.

Links: 15 Meter in den Bestand hineingreifen, den Baum fällen und mit Hilfe des hydraulischen Stammhalters aufrecht an die Rückegasse heben und dort gezielt ablegen (oben).

Das Langholz kann „nach hinten" abgelegt werden. Das ist gerade in engen Beständen sehr vorteilhaft. Und so liegt das Langholz auf der Gasse konzentriert.

Zugegeben, das ist ein phantastischer, aber auch erst einmal gewöhnungsbedürftiger Anblick: Der Fahrer sitzt in schwindelerregender Höhe und führt einen riesigen, 15,5 Meter weit reichenden Kran mit dem Aggregat und dem Stammhalter millimetergenau an den zu entnehmenden Baum, macht den Fällschnitt und hebt den Baum senkrecht stehend sicher an den Weg, um ihn dort punktgenau abzulegen und dann aufzuarbeiten. Und das alles in einem verblüffenden Arbeitstempo, wobei die Bewegungen des Krans alles andere als plump wirken, im Gegenteil, das sieht alles sehr geschmeidig und harmonisch aus. Bei dem Fahrer ist das auch verständlich.

Heinz Blümel, der altbewährte Impex-Haudegen, sitzt am Steuerknüppel. Und wenn einer mit dem Hannibal umgehen kann, ist er das. Vom Raupenharvester Hannibal wurden bisher fünf Maschinen gebaut. 2005 wurde dieses neue Modell vorgestellt. Auf Basis eines Sennebogen 835 Baggers kam eine interessante Maschine zur Welt. Gebaut für den Einsatz in extrem starken Holz.

Als Motor hat der neue Hannibal einen Deutz Dieselmotor mit Direkteinspritzung und einer Leistung von 200 kW (272 PS) bei 2.000 U/min. Der Wasser- und der Ladeluftkühler sind vom Dieselmotor entkoppelt und hydraulisch angetrieben. Die Drehrichtung des Lüfters kann zum Ausblasen des Kühlers umgekehrt werden. Der Kraftstoffvorrat des Hannibal beträgt 450 Liter, das Hydrauliktankvolumen 300 Liter. Durch die großen hydraulischen Leitungsquerschnitte und großdimensionierte Steuerventile gibt es bei dieser Maschine geringe Strömungsverluste. Die Hydraulikanlage ist selbstverständlich in Load-Sensing Ausführung. Durch eine individuelle, feinfühlige Drehwerksfunktion ist in Zusammenarbeit mit dem geschmeidigen Kran eine optimale Bewegungsharmonie möglich. Zweimal 530 Liter pro Minute fördert die Hydraulikanlage. Die Hydraulikölfilter sind auf einen Langzeit-Wechselintervall ausgerichtet, eine niedri-

Oben: Fahrer Heinz Blümel strahlt. 400 Stunden fährt er jetzt schon den neuen Hannibal. Für den besseren Überblick sorgt die bis zu 5,8 Meter hydraulisch hochfahrbare Panoramakabine. So ist bei der Arbeit in Naturverjüngungen ein exzellenter Überblick gewährleistet.

Links: Das Lako-Aggregat 83 HD VV mit hydraulischem Stammhalter. Damit kann der Stamm nicht nur sicher gehalten und aus dem Bestand herausgehoben werden, auch eine punktgenaue Ablage des Stammes ist möglich.

ge Öltemperatur wird durch eine großdimensionierte Hydraulikkühlung erreicht. Der Raupenunterwagen ist hydraulisch teleskopierbar, zu jeder Seite zirka 75 Zentimeter, so daß die Gesamtbreite der Maschine auf 4,5 Meter zu bringen ist. Die Fahrgeschwindigkeit der Maschine beträgt in der Normalstufe 0 - 1,6 km/h und in der Schnellstufe 0 - 3 km/h. Der Motor ist längs eingebaut, dadurch ergibt sich eine gute Zugänglichkeit einfach vom Boden aus. Die Seitenklappen der Motorhaube sind mit Gasfedern ausgerüstet.

Die Komfortfahrerkabine F 2000 ist elastisch gelagert und mit einer Super-Schalldämmung versehen. Es handelt sich hierbei um eine Großraumkabine mit ausgezeichneter Rundumsicht. Das Dach der Kabine ist übrigens vollständig verglast und mit einem Scheibenwischer ausgestattet. So ist auch der ungehinderte Blick in die Baumwipfel möglich. Für die Kabine gibt es eine Klimaautomatik, abgeschmiert wird die Maschine über eine Zentralschmierung. Die elektrische Anlage hat eine Leistung von 24 Volt, für den tiefen Winter gibt es zwei Kaltstart-Hochleistungsbatterien. Gesteuert wird die Maschine mit den bekannten Valmet-Hebeln, als Vermessungssystem ist das Motomit IT installiert.

Als Harvesterkopf ist das bewährte Lako 83 aufgebaut, ein leistungsfähiges Aggregat für den Starkholzeinsatz. Damit der Baum stehend, also aufrecht, aus dem Bestand herausgehoben werden kann, ist der Hannibal mit einem sogenannten Stammhalter versehen, der über dem Aggregat am Wipparm befestigt ist. Mit Hilfe des wegklappbaren Stammhalters kann der Baum sicher getragen und punktgenau abgelegt werden. Beim Durchforsten in engen Altholzbeständen spielt der Hannibal eine weitere Stärke aus. Der Stamm wird aufrecht stehend auf die Gasse gehoben, vor der Maschine aufgearbeitet und dann über die Maschine hinweg hinter der Maschine abgelegt. Dazu schiebt der Fahrer den Stamm rückwärts über den rechten Rand der Motorhaube. Dank dieser Vorrichtung gibt es keine Probleme bei der Stammablage. Das ist natürlich auch für den nachfolgenden Rücker ein großer Vorteil. Das gesamte Holz liegt in der Schneise konzentriert und kann auch mit dem Zangenschlepper problemlos aufgenommen werden. Auch so vermeidet man effektiv Schäden am verbleibenden Bestand.

Als ich die Maschine im Bestand aufsuchte, war Fahrer Heinz Blümel gerade dabei und machte einen Wegeaufhieb. Von einem Einsatzort zum nächsten waren es knapp vier Kilometer, da kam Heinz Blümel die Idee, links und rechts des Weges die notwendigen Stämme zu entnehmen. Auch einige Käferbäume fielen am Wegesrand mit an. Also sprach Blümel den Förster an, der erklärte sich einverstanden und zeichnete am vier Kilometer langen Weg von einem Einsatzort zum anderen kräftig aus. So werden jetzt bei der Umsatzfahrt noch einmal gut 1.000 Festmeter Holz zusammenkommen. Und ein weiterer Pluspunkt dabei: Der Hannibal braucht die vier Kilometer nicht mit Vollgas zu fahren, er schont so den Fahrantrieb, spart den Tieflader und verdient dazu auch noch Geld. Leider hat nicht jeder so einen mitdenkenden Förster als Auftraggeber.

Dicke Dinger mit dem Harvester

Draußen an den Poltern am Abfuhrweg kann man schon erahnen, was einen erwartet, wenn man in den Bestand zum Holzeinschlag geht. Hier liegen rechts und links der Forststraße dicke Dinger in allen Dimensionen. Motormanuell aufgearbeitetes Langholz, aber auch vier und fünf Meter lange Abschnitte sind zu sehen, die mit dem Harvester bearbeitet wurden. Diese Dimensionen geben schon mal eine gewisse Größe für den Harvester vor. Dünnes Holz kann nämlich jeder. Aber jetzt rein in den Bestand, ran an die schwarzgelbe Maschine. Ein Timber Pro 840 B ist hier zu sehen, die neue Maschine vom Forstunternehmer Thaddäus Göhl aus dem Allgäu. Am Kran hängt das Aggregat SP 761 mit einem einen Meter langen Schwert. Das ist eine Garantie für dicke Dinger in Reinkultur ...

Der Bundesforstbetrieb Grafenwöhr betreut insgesamt 23.000 Hektar, so groß ist der doch in Deutschland sehr bekannte Truppenübungsplatz Grafenwöhr. Auf diesen betreuten Flächen befinden sich noch einmal 13.000 Hektar Waldfläche, die in neun Reviere aufgeteilt wurden. Zur Zeit wird im Revier Hannesreuth, das 1.600 Hektar groß ist und von Revierleiter Harald Lammerich betreut wird, Starkholzeinschlag betrieben. Die Maßnahme nennt man hier Zielstärkennutzung in der Fichte, diese Fichte ist zirka 120 Jahre alt und steht über einer Laubholzverjüngung, die allerdings auch zu mindestens 80 Prozent stehenbleiben muß, das war eine Bedingung an den aufarbeitenden Forstunternehmer. Insgesamt sollen hier 3.000 Festmeter starke Fichten von 20 Hektar geerntet werden; zirka 150 Festmeter kommen also von einem Hektar. Der mittlere Gehalt eines Baumes liegt hier bei 3,5 Festmeter. Der Zieldurchmesser der zu entnehmenden Bäume liegt bei einem BHD von 55. Und dieser Zieldurchmesser wird in der Tat vorher ganz akribisch gemessen. Das macht ein Praktikant im Forstamt. Wenn der Baum diese Zielstärke nicht erreicht hat, bleibt er stehen und darf noch einige Jahre weiterwachsen. Als Sortimente fällt hier beim Harvestereinschlag Fichte an, die in 5,10 Meter, 4,10 Meter und der dünne Rest in drei Meter langes Industrieholz ausgehalten wird. Die Bestandesoberhöhe liegt bei zirka 35 Meter. Das händisch aufgearbeitete Holz bleibt lang und wird auch so an die Waldstraße gerückt. Der Abnehmer will gerne Langholz haben, das kann er in seinem Betrieb nämlich besser optimieren. Von den 5,10 Meter langen Abschnitten nimmt er auch noch mal 300 Festmeter mit, die er verarbeiten kann. Jedes Jahr werden in Grafenwöhr zirka 90.000 Festmeter Holz eingeschlagen. Das Revier Hannesreuth ist mit ungefähr 15.000 Festmeter Holz mit von der Partie.

Kümmern wir uns jetzt erst einmal um das Langholz. Das wurde von den betriebseigenen Forstwirten motormanuell eingeschlagen. Der Forstunternehmer Thomas Wölker rückt im Auftrag des Bundesforstbetriebes Grafenwöhr das Langholz und setzt dazu einen Welte 130K mit 9,5 Meter Kranreichweite und einer Klemmbank ein. Man staunt hier über die sauberen Langholzpolter, die Thomas Wölker angelegt hat. Wölker ist Stammunternehmer in diesem Forstamt und greift bei größeren Vorlieferarbeiten auch schon mal auf den Pferdeeinsatz zurück. Das Kronenholz von den händisch aufgearbeiteten Bäumen in den 40-Meter-Gassen wird mit dem Rückezug an die Waldstraße gefahren. Dort wird dieses Kronenholz dann gehackt und gleich in bereitstehende Hakenlift-Container geblasen. Es wird übrigens nur das Material mitgenommen, das von der Gasse aus bequem erreichbar ist. Der Rest bleibt liegen und wird nicht angefaßt.

Den Starkholzeinschlag mit dem Harvester macht in dieser Abteilung der Forstunternehmer Thaddäus Göhl mit seinem Unternehmen GS-Forst. Er setzt seinen nagelneuen Timber Pro 840 B ein, der jetzt 450 Stunden auf der Uhr hat und mit einem Aggregat von SP sehr leistungsfähig ist. Das Aggregat SP 761 erreicht einen Fälldurchmesser bis zu einem Meter und hat zwischen den Walzen einen Durchlaß von 85 Zentimetern. Um diese Leistung auch wirklich zu erreichen, hat Göhl an den SP-Kopf ein ein Meter langes Schwert von Kox montiert. Aber trotzdem geht vor der Maschine ein Abstocker vorweg, der die Wurzelanläufe freischneidet und die Bäume auch fällt. Nur die Bäume, die der Fahrer der Maschine bequem von der Gasse aus erreichen kann und die im Durch-

Oben: Die starken Stämme werden motormanuell gefällt, die Wurzelanläufe sauber beschnitten, danach wird der vorgefällte Baum mit dem Harvester entastet und abgelängt.

Großes Foto links: Diese Fichte mit 5,8 Festmeter Inhalt ist fast schon zu stark für den Timber Pro Harvester 840 B.

Unten: Der Baum mit 5,8 Festmeter noch nicht abgelängt im Kran des Harvesters. Jetzt versteht hoffentlich auch der allerletzte Ignorant, warum die Maschine 34 Tonnen wiegen muß. Denn auch bei der Starkholzernte gelten die Gesetze der Physik.

messer nicht so sehr stark sind, läßt der Abstocker zufrieden. Die packt der Harvester sich so. Der Abstocker macht hier einen Knochenjob, gerade beim Beschneiden der Wurzelanläufe, denn das dauert

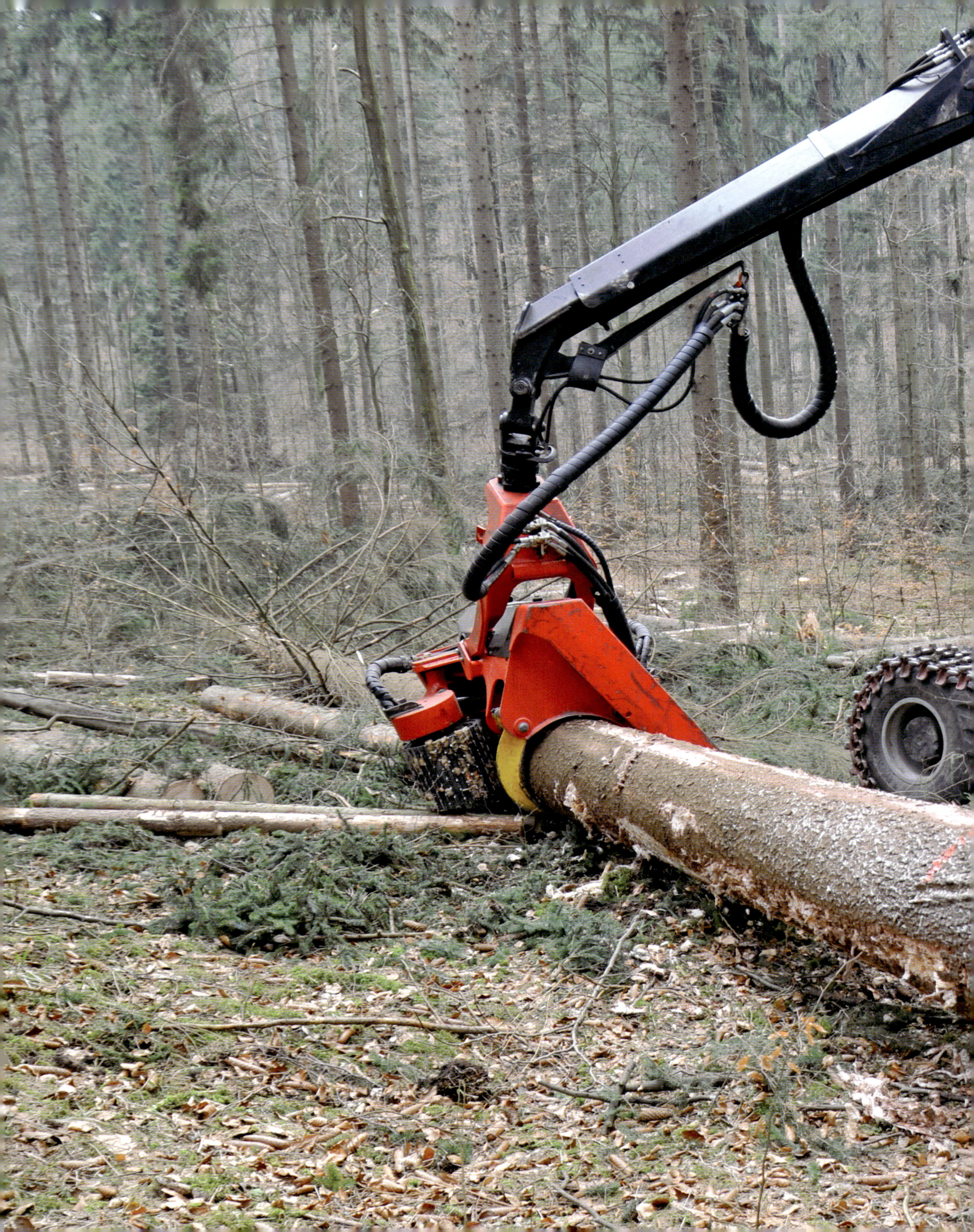

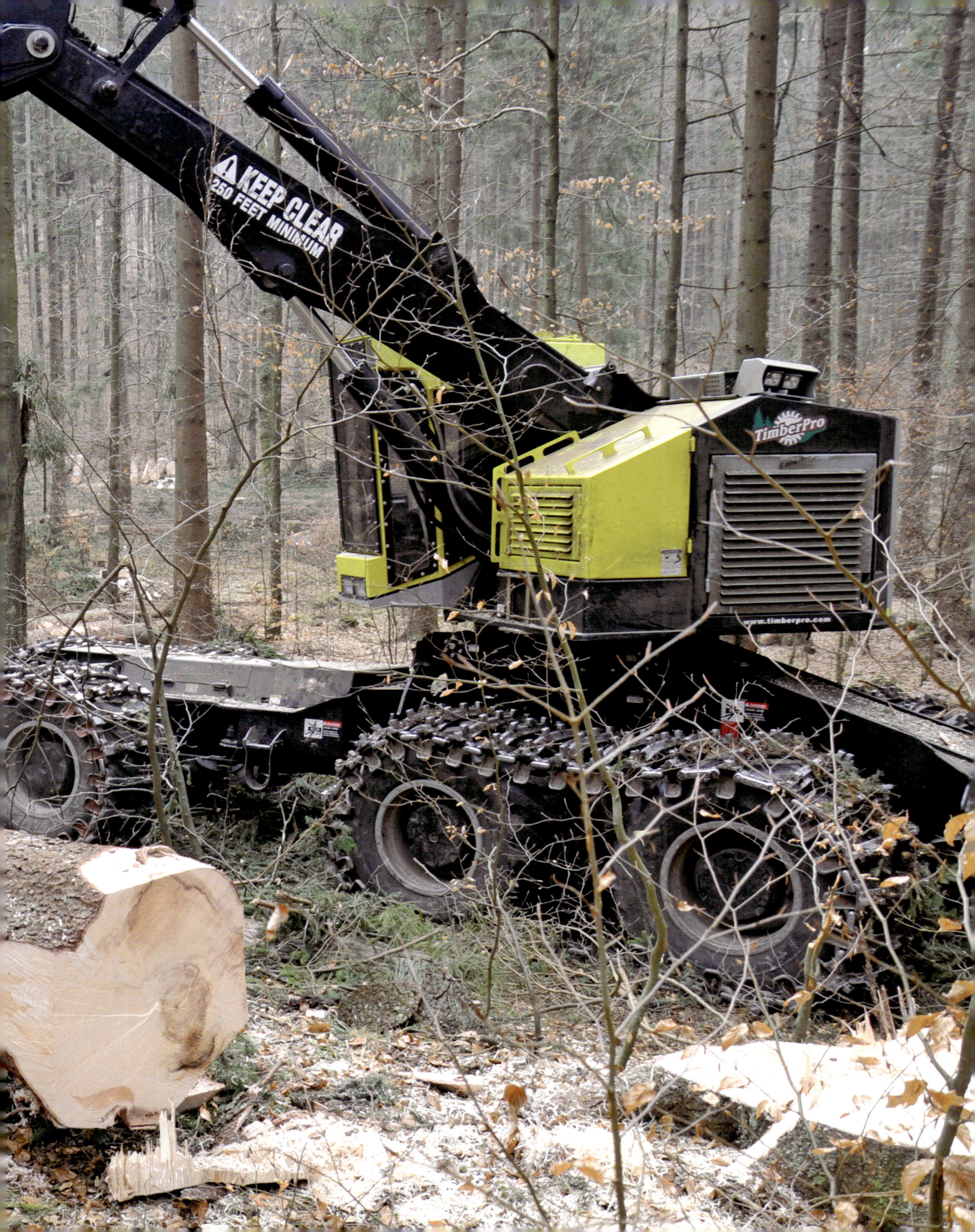

KEEP CLEAR
250 FEET MINIMUM
TimberPro
www.timberpro.com

Es dauert schon eine gewisse Zeit, bis der Abstocker die Wurzelanläufe sauber beschnitten hat. Dann muß er noch den Fällschnitt setzen ...

Der Fahrer des Timber Pro und der Abstocker zeigen die gewaltigen Reifendimensionen am 34 Tonnen schweren Timber Pro, indem sie sich neben den gewaltigen Pneus fotografieren lassen. Über die 710er Reifen sind noch einmal Clark-Bänder gezogen. Dadurch hat die Maschine eine riesige Aufstandsfläche.

manchmal ganz schön lange. In enger Zusammenarbeit mit dem Harvesterfahrer schneidet er auch von den schon liegenden Stämmen die Wurzelanläufe picobello sauber. Nach dem Fällvorgang packt sich der Harvester den manchmal sehr starken Baum, entastet ihn und längt ihn ab. Der Fahrer des Harvesters bekommt die dicken Dinger im wahrsten Sinne des Wortes „mundgerecht" vorgelegt. Ich beobachte diesen Einsatz im Starkholz, während eine 5,8 Festmeter starke Fichte gefällt und aufgearbeitet wird. Das ist schon ein gewaltiges Ding und fast schon zu groß für die Maschine. Alles, was darüber geht, sollte besser motormanuell aufgearbeitet werden, sagt Thaddäus Göhl. Alles andere wäre Maschinenschinderei. Aber so um die drei bis 4,5 Festmeter ist es ideal mit seiner neuen Maschine. Da wird dann auch eine entsprechende Aufarbeitungsleistung bei rauskommen, schmunzelt der Inhaber der Firma GS-Forst.

Die neue Maschine von Timber Pro wiegt zwar 34 Tonnen, hat aber durch die Reifen in der Größe 710-26.5 und mit den vier Bändern von Clark auf den Bogies, die grundsätzlich immer montiert sind, eine sehr große Aufstandsfläche von zirka zwölf Quadratmetern. Göhl hat sich für die Clark-Bänder mit ganz dicken Verbindungsbolzen entschieden, die mit 28 Millimeter Dicke doch sehr robust sind. Die Standardketten mit den 22 Millimeter starken Bolzen halten die enormen Zugkräfte der Maschine nicht aus, wie Göhl uns erzählt. Nun ja, eine Leistung von 300 PS und eine Zugkraft der Maschine von 36 Tonnen bringen den stärksten Stier zu Boden ... Durch die hohen und starken Spikes auf den Bändern rutscht die Maschine auch auf Schnee und Eis im Hang nicht so schnell seitlich weg, praktisch rutscht sie so gut wie gar nicht mehr, sie zeichnet sich

Wer möchte bei diesen Holzmengen hier nicht der Rücker sein?

Maschinelle Starkholzernte 137

in der Tat durch eine große Standfestigkeit aus. Auch auf den Waldwegen gibt es durch die jeweils vier Spikes pro Steg und die Stärke der Spikes weniger Schäden. Göhl ist mit dieser Art Spezialmaschinen wie dem neuen Timber Pro sehr gut bestückt. Er hat sich auf die Starkholzernte im und am Hang spezialisiert. Es ist mittlerweile sein zweiter Timber Pro. Auf Seite 142 in diesem Buch findet der interessierte Leser einen Bericht über einen hochinteressanten Arbeitsauftrag im Allgäu, den Göhl im Jahre 2009 mit großem Erfolg und unter Anteilnahme der anwesenden Fachpresse abarbeitete. Dort schlug er Almwiesen frei, seilte das starke Holz den Hang hoch und arbeitete es anschließend mit dem Timber Pro auf. Ein ähnliches Arbeitsbild stellte er während der KWF-Tagung 2012 auf der Exkursionsschleife vor. Die Präsentation dieses Starkholzverfahrens erfolgte in Zusammenarbeit mit dem Deutschen Forstunternehmer-Verband (DFUV). Göhl ist davon überzeugt, daß die Arbeit mit seinen Starkholzmaschinen zunehmen wird. „Die Reserven stehen im Hang", so Göhl. Und für diese Arbeit wird gut bezahlt, denn dort müssen Spezialisten eingesetzt werden, die natürlich ihr Geld wert sind.

Firma GS-Forst schlägt unter Normalbedingungen ungefähr 140.000 Festmeter Holz im Jahr ein. Eingesetzt werden dazu zwei Timber Pro Harvester, der 840 B und der 735 als Kettenmaschine, zwei Ponsse Harvester, und zwar die Ergo, dazu zwei Ponsse Buffalo Rückezüge, zwei Seilkräne Konrad Mounty 4000, zwei Kettenbagger (Liebherr und Komatsu) mit Seilwinde (Aufbau Haas-Hochleitner). Insgesamt 22 festangestellte Fahrer und Forstwirte sind bei GS-Forst beschäftigt. Hierbei handelt es sich um absolute Fachleute, also Vollprofis. Göhl sagt dazu: „Für Facharbeiten benötigt man Fachpersonal!" Göhls Betrieb ist zertifiziert, und zwar nach DFSZ. Das Unternehmen arbeitet nicht nur bayernweit, auch in Hessen, Baden-Württemberg und Tirol liegen die Einsatzgebiete von GS-Forst. Im Juni 2011 folgte der nächste „Klopper" der Firma: Göhl bekam den neuen Mounty 4100 von Konrad, eine weiterentwickelte Maschine, die einige interessante technische Neuerungen aufweisen soll. Mit dieser Maschine ging es sofort ins Starkholz in den Steilhang, und das bei voller Saftzeit! Das ist forstlich zwar nicht so gerne gesehen, aber aus bestimmten Gründen kann dort nur während der Saftzeit gearbeitet werden. Göhl hatte den Auftrag im Vorfeld schon fest angenommen und dann schließlich auch bewiesen, daß die Aufarbeitung auch in der Saftzeit bestandesschonend erfolgen kann,

GS-Forst Chef Thaddäus Göhl vor dem einen Meter langen Schwert am Harvesterkopf SP 761. Mit seiner Maschinenausstattung ist er für die Hangarbeit geradezu prädestiniert. Göhl hat frühzeitig erkannt, daß sich im Hang die größten Holzreserven befinden.

man muß es nur können, wie er uns sagt. Es handelte sich dabei übrigens um eine Durchforstung, also keinen einfachen Kahlhieb. Das war zwar eine schwierige Aufgabe für das Unternehmen GS-Forst, die aber gelöst wurde. Immer nach dem Motto: „Die Reserven stehen im Hang!"

Das Auge kauft mit: So sauber liegt das Langholz im Polter.

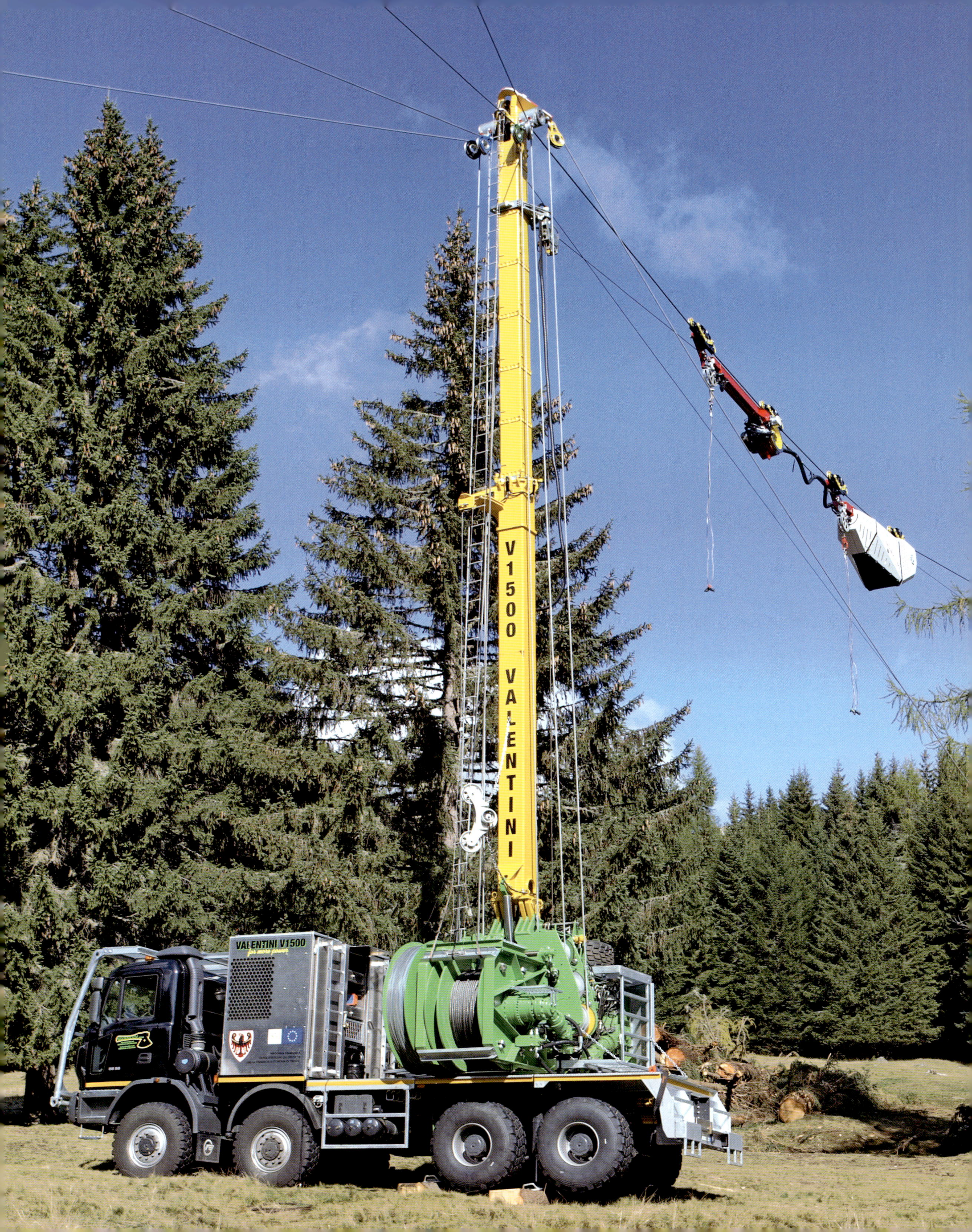
V1500 VALENTINI
VALENTINI V1500

Der Skybull 60 von Seik. Dieser Laufwagen ist in einer Spezialform für Schräglagen gehalten. Als Nachläufer am Skybull 60 ist der Skybull 40 montiert, der auch vom Skybull 60 gespeist wird. Das Holz wird schwebend, also sehr schonend, herausgebracht.

Der größte mobile Seilkran

Das Unternehmen Gurndin schaffte sich im Spätsommer 2009 den größten mobilen Seilkran Europas an und testete ihn erst einmal ausgiebig in den Dolomiten. Der neue Valentini V 1500 ist für eine Trassenlänge von 1,5 Kilometer ausgelegt und der hydraulische Kippmast reicht 18 Meter in den azurblauen Himmel des Trentino.

Komplettiert wird die hochprofessionelle Anlage durch einen Seik Laufwagen mit einem Nachläufer. Dadurch stehen zwei Hubwinden zur Verfügung.

Zugegeben, das Bergpanorama südöstlich vom derzeitigen Standort des neuen Valentini V 1500 Seilkran wirkt fast schon kitschig, so, wie in einem Heimatfilm aus den 50er Jahren. Aber irgendwie schön ist es doch, darum mache ich ein Foto und drucke es auf dieser Seite unten auch ab. Hier in den Dolomiten nehme ich an einer Weltpremiere teil. Helmut Gurndin und seine Brüder Toni, Peter und Klaus haben sich europaweit einen guten Namen als Holzerntespezialisten im Gebirge gemacht. Um die Angebotspalette des Unternehmens zu erweitern, schafften sich die Brüder Gurndin darum den größten mobilen Seilkran Europas an, den neuen Valentini V 1500, der mit einer Trassenlänge von 1.500 Metern neue Maßstäbe bei den mobilen Anlagen setzt. Gewaltige 18 Meter ragt der hydraulische Kippmast auf dem vierachsigen Astra-Lkw in die Höhe. Ich hatte mich damals riesig gefreut, daß ich bei diesem Testeinsatz als Journalist exklusiv dabeisein durfte.

Der Tag in Val di Fiemme bei der Ortschaft Predazzo beginnt nicht sehr erfolgversprechend. Schneeschauer jagen umher und lassen die Hoffnung auf gute Fotos immer mehr schwinden. Aber schon nach nur einer Stunde klart es auf und die Sonne strahlt jetzt mit der ganzen Kraft, die ihr im Oktober noch geblieben ist. Auf einer 1.800 Meter hoch gelegenen Bergwiese herrscht geschäftiges Treiben. Hier ist ein gewaltig großer Seilkran aufgebaut, der am Mast den Schriftzug V 1500 Valentini trägt. Es handelt sich bei dieser nagelneuen Anlage um den größten mobilen Seilkran Europas, wie mir Helmut Gurndin erklärt. Helmut Gurndin, sonst eigentlich ein eher ruhiger Vertreter, ist heute im Streß. Zusammen mit Daniele Valentini, dem Juniorchef des renommierten Seilkranherstellers aus Cles im Trentino, nimmt er letzte Abstimmungs- und Einstellungsarbeiten an der Anlage vor. Denn in drei Tagen wollen ungefähr 300 Seilkranspezialisten aus ganz Europa diese Maschine im Einsatz sehen. Soviel Leute haben sich jedenfalls angesagt. Zum Glück darf ich jetzt schon ran und exklusiv berichten.

Ganz besonders stolz sind Helmut Gurndin und Daniele Valentini darauf, daß man mit dieser Anlage bei manchen Arbeitsbildern nur zwei Mann Bedienpersonal braucht. Ein Holzfäller oben im Hang, im Tal die Seilkrananlage, daneben ein Harvester, mit dem das aus dem Berg geseilte Holz aufgearbeitet wird, und das alles nur mit zwei Mann? Nun, das geht wirklich. Wie es funktioniert, beschreibe ich im Arbeitsbild auf der nächsten Seite. Diese Anlage ist übrigens nicht nur im Gebirge mit Erfolg einzusetzen. Nein, auch bei der Holzbringung aus nassen Flächen oder über Moorgebiete hinweg wollen die Gurndins den Langstreckenseilkran betreiben. Helmut Gurndin denkt auch an Einsätze in Windwurfgebieten. Durch die zwei Hubwinden ergeben sich in der Tat sehr viel mehr Möglichkeiten. Ein ganz wichtiger Aspekt sollte dabei nicht unerwähnt bleiben. Die zwei Hubwinden ermöglichen ein schonendes Herausseilen des Holzes. Der Baum wird sozusagen schwebend aus dem Berg herausgefahren.

Für diese Anlage mußte ein robuster Lkw gefunden werden. Die Gurndins entschieden sich für die Marke Astra, ein kleiner Spezialbetrieb, der Lkw für das italienische Militär liefert und sich auch ganz besonders auf robuste Allradfahrzeuge spezialisiert hat. Der Lkw zeichnet sich durch vier Achsen aus, wobei jede Achse angetrieben ist. Dieser Astra fährt sich dadurch nicht nur auf der Straße sehr gut, sondern durch die acht angetriebenen Räder auch im Gelände. Bergwiesen und Steigungen nimmt er sehr sanft. Das liegt zum Teil auch an der Breitbereifung. Hinten fährt der Lkw mit vier Geländereifen der Dimension 525/65 R 20.5, vorne sind vier Reifen der Größe 395/85 R 20 aufgezogen. Der Lkw wird von einem 560 PS Iveco-Motor angetrieben, der auch für die Hydraulikanlage zuständig ist. Auch die meisten Antriebsbestandteile sind von Iveco. Für eine robuste Seilkrananlage muß man ein robustes Gestell haben. Dieser Lkw zeichnet sich durch einen durchgehenden geraden Rahmen aus, der aus Hardox 700 Stahl gefertigt ist. Auf diesem Rahmen sitzt die dreh- und schwenkbare Seilkrananlage mit den hydraulisch angetriebenen Seilwinden, die alleine 48 Tonnen wiegt. Auf die Tragseiltrommel gehen 1.500 Meter 27er Seil. Sechs hydraulische Abspannwinden sind vorhanden, die jeweils 90 Meter 20er Seil fassen. Das Rückholseil hat eine Länge von 3.400 Metern

Oben: Der Lkw ist von Astra, hat acht angetriebene Räder und einen durchgehenden Rahmen aus Hardox 700. Die aufgebaute Einheit, also Mast, Winden und Pumpen, wiegt alleine schon gewaltige 48 Tonnen.

Unten: Mit dem Ford F 350 Pick-up werden die Zwischenstützen zum Arbeitsplatz transportiert.

Oben: Helmut Gurndin vor dem Skybull 60. Jetzt erkennt man erst die Dimensionen des Laufwagens. Übrigens: Helmut Gurndin ist über zwei Meter groß ...

Links: Hier wurde eine Zwischenstütze montiert.

Unten: Mit diesem Sender werden die Laufwagen gesteuert und überwacht.

und ist 12 Millimeter dick, ebenfalls 12 Millimeter dick ist das Zugseil, das eine Länge von 1.500 Metern hat. Das Montageseil ist ein Dyneema-Seil und 3.400 Meter lang. Der Mast ragt 18 Meter in den Himmel, gemessen vom Boden aus. Der Mast ist hydraulisch aufstellbar und teleskopierbar. Sämtliche Seilaufwicklungen werden hydraulisch gesteuert, unter den großen Trommeln ist noch jeweils eine Schlaufensicherung angebracht. Vor der Krananlage auf dem Lkw ist vorne ein Werkstattfach mit der ganzen Elektrik eingebaut, in der Mitte vorne sitzt die Hydraulikpumpe, der Kühler ist ebenfalls dort untergebracht sowie der Diesel- und Hydrauliktank. 1.300 Liter Diesel für lange Einsätze sind an Bord. Die großen Seiltrommeln sind federnd, mit speziellen „Stoßdämpfern" gelagert, um bei Belastungsspitzen die Hydraulikmotoren und auch die Seile beziehungsweise die komplette Anlage durch das Abfedern zu schonen. Für den reibungslosen Arbeitsablauf ist am Mast eine Kamera installiert, die das Zug- und Rückholseil überwacht. Die Bilder der Kamera werden auf das Bediendisplay im Harvester übertragen. Gurndin ließ sich auch eine Tragseilmeßanlage installieren, damit er jederzeit den effektiven Tragseildruck weiß und eventuell auch korrigieren kann. Auch die Daten der Tragseilmeßanlage sind vom Handdisplay im Harvester abrufbar.

Als Laufwagen wählten die Gurndins ein Produkt vom Südtiroler Unternehmen Seik. Einmal den Skybull 60, einen sehr großen Laufwagen mit einem 174 PS Iveco-Motor und einer starken Hubwinde, deren Zugkraft auf der Außenlage immerhin noch 60 kN, also sechs Tonnen, beträgt. 200 Meter 16er Seil gehen auf die Hubwinde des Skybull 60. Dieser Laufwagen ist in einer Spezialform für den Einsatz in Schräglagen gehalten. Ohne Hubseil wiegt dieser Laufwagen 2.700 Kilogramm. Gesteuert wird der Wagen selbstverständlich über Funk mit einer Datenrückmeldung. Als Nachläufer am Skybull 60 ist der Skybull 40 montiert, der auch vom Skybull 60 gespeist wird. Die Hubwinde des Nachläufers zieht vier Tonnen und hat 200 Meter 14er Seil aufgespult. Dieser Wagen wiegt ohne Hubseil 1.100 Kilogramm. Der Laufwagen mit Nachläufer und das Kippmastgerät sind automatisch steuerbar. Jede gewünschte Fahr- und Haltebewegung kann programmiert und eingegeben werden. Vor Arbeitsbeginn fährt man mit der Laufwageneinheit die Strecke ab und gibt ihr die nötigen Informationen. Diese Anlage hat zirka 800.000 Euro gekostet. Dazu kommen dann noch einmal die Kosten des Harvesters und der Arbeitsfahrzeuge. Gurndin verwendet als Zulieferfahrzeug einen Pick-up von Ford Amerika, den F 350, einen Achtzylinder-Diesel. Auf der Ladefläche des Pick-up hat er sich eine Vorrichtung gebaut, um die Zwischenstützen an die Arbeitsstelle transportieren zu können. Hier in diesem Arbeitsbild mußte er eine Eigenstütze aus Stahl in 150 Meter Entfernung vom Seilkran bauen, dazu wurde erst einmal eine große Lärche in 850 Meter Entfernung am Gegenhang als Stützbaum genommen. In diesem Arbeitsbild beträgt die Bahnlänge allerdings nur 1.000 Meter. Damit muß eine Schlucht überwunden werden, dann folgt auf dem Bergkopf des gegenüberliegenden Hanges noch einmal eine sehr steile Strecke.

Mit dieser Anlage ist es möglich, mit nur zwei Mann Bedienpersonal auszukommen. Die Seilkrananlage wird im Tal positioniert, dann wird die Bahn aufgestellt. Gesteuert werden praktisch nur die Laufwagen, die Seilkrananlage steuert sich automatisch. Ein Mann fällt im Berg die Bäume motormanuell und schlägt danach die Seile an. Der zweite Mann bedient den Harvester, der aber nicht unbedingt neben dem Seilkrangerät stehen muß, im Gegenteil, er kann sogar mehrere hundert Meter vom Seilkran entfernt irgendwo auf einer Waldwiese oder einem Waldweg seinen Dienst verrichten. Hier kann man bei der Einrichtung einer Seillinie sehr flexibel vorgehen. Die Zwei-Mann-Methode ist allerdings nur bei vorkommendem Starkholz und nicht zu weiten Beiseilentfernungen erfolgreich anzuwenden. Der Mann im Hang schlägt das Starkholz hangaufwärts. Dann wird mit dem Skybull 60, also mit dem großen Laufwagen, der Baum am Zopf schräg zur Seillinie bergauf geseilt. Liegt er dann in der Seillinie, wird das Seil des Nachläufers am Stammfuß befestigt und anschließend wird der Baum angehoben. Das Herausrücken des Baumes geschieht also schwebend. Das ist eine sehr schonende Methode. Weil der ganze Baum durch die Zusatzwinde an zwei Lastgehängen fixiert ist, ist ein freischwebender Transport möglich. Das Laufwagensystem kann von bis zu drei Sendern aus gesteuert werden. Es hat aber jeweils immer nur ein Sender Zugriff zum Empfänger am Laufwagen. Auch das Verfahren des Laufwagens am Tragseil wird mittels des gleichen Senders betätigt. Durch das schwebende Herausrücken des Baumes entstehen keine Schleifspuren am Boden und dadurch wird auch das Unfallrisiko durch abrollende Steine oder weitere Gegenstände verringert. Schwebendes Herausrücken des Baumes bedeutet aber auch eine geringere Belastung der Ankerungen und der Seilkrananlage selbst durch Verminderungen der Spannungsspitzen und Stöße während der Lastfahrt. Auch ist ein sehr kontrolliertes Ablegen der transportierten Bäume am Landeplatz möglich. Durch das waagerechte Herausseilen des Baumes ist auch eine niedrigere Tragseilhöhe zulässig, und darum benötigt man weniger hohe Stützen und auch die Anzahl der Stützen kann somit reduziert werden. Das spart natürlich Montagezeit und Kosten. Auch ist eine höhere Laufwagengeschwindigkeit bei der Lastfahrt möglich. Das steigert im übrigen die Lastfrequenz und bringt daher eine höhere Produktivität. Eine gewaltige Zeitersparnis entsteht auch durch das kontrollierte und exakte Ablegen der Bäume am Lagerplatz, es ist nämlich kein mehrmaliges Heben und Senken mehr nötig. Dieser materialschonende Transport verhindert das Brechen, das Anschlagen und auch die Verschmutzung der vorgelieferten Bäume. Der Mann im Harvester übernimmt die Laufwagen, sobald sie in seiner Nähe sind, der Übernahmepunkt wird vorher programmiert. Entweder läßt er sie durch eine Zielautomatik herunter, oder er steuert die Ablage der Stämme nach seinen Wünschen. Das Auslösen der Chokerseile erfolgt über Funk.

Um aber erst einmal so eine gewaltige Seillinie aufzubauen, sind mindestens drei Arbeitstage mit zwei Mann nötig, wie Helmut Gurndin mir erzählt. Man sollte auch an einem Forstort wenigstens 5.000 Festmeter Einschlag bereithalten, sonst lohnt sich die Errichtung einer Seillinie kaum. Wer Interesse an der Seilbringungstechnik hat, kann sich auf der Internetseite von Gurndin schon mal einen ersten Überblick über die Preise verschaffen. Das geht vermittels einer unkomplizierten Tabelle, die Gurndin entwickelt hat, übrigens sehr schnell und unkompliziert.

Eine neue Almwiese

Wer Allgäu sagt, meint Berge – und Milch. Allgäu heißt aber auch Touristen, Touristen und nochmals Touristen. Touristen wollen Berge sehen, Touristen wollen Kühe sehen, und besonders glücklich sind Touristen, wenn sie glückliche Kühe auf Almwiesen sehen. Almwiesen gibt es im Allgäu reichlich, Kühe auch. Einige Almwiesen sind aber im Laufe der Jahrzehnte immer weiter „zugewachsen". Fichten, hier und da vielleicht auch eine Buche oder eine Latschenkiefer, machten sich breit. Wenn dann mittlerweile sogar Naturschutzverbände für die „Beseitigung" dieser Bäume, die sich zwischenzeitlich auch schon zu stattlichen Wäldern ausgewachsen haben, eintreten, ist die Zeit des Forstunternehmers gekommen. Bei Pfronten im Allgäu mußten starke Fichten weichen, damit sich sukzessive, also peu à peu, wieder eine Almwiese entwickeln kann. Das Unternehmen GS-Forst aus Oberstdorf im Allgäu übernahm diesen Auftrag und setzte dazu eine Maschine ein, die in dieser Ausführung vorerst einmalig in Europa ist. Und zwar einen neuen Timber Pro TL 735-B mit einem neuen SP 761 LF Aggregat und einer Dasa 4 Steuerung. Die Maschine konnte ich kürzlich im Einsatz bei so einer „Re-

Bergauf und bergab 143

Oben: Der Stützfuß wird vom Aggregat umklammert und kann zum Aufarbeitungsvorgang weggeklappt werden. Um einen starken Stamm bergauf zu seilen, ist der Stützfuß unentbehrlich.

Unten: Ein hydraulisches Frontschild sorgt für Stabilität im Hang.

Oben: Zum Aufarbeitungsplatz am Weg oben ist es noch eine Baumlänge. Der Fahrer läßt den Stamm bergauf durchs Aggregat laufen und entastet ihn dabei. Das kostet Kraft.

Unten: Die Seilwinde am Hubarm des Timber Pro.

Großes Foto links: Der Timber Pro positioniert sich gerade vor einer beeindruckenden Bergkulisse. Gleich fährt er die klappbare Stütze aus und seilt die Stämme den Abhang hoch.

Kleines Foto links: Nach dem Hochseilen beginnt er mit der Aufarbeitung.

naturierungsmaßnahme" beobachtetn. Es ist in der Tat die erste Maschine dieser Art in Europa, denn der Timber Pro glänzt mit einem niegelnagelneuen D7 Raupenlaufwerk von Cat, das in Deutschland für den Forsteinsatz modifiziert wurde. Dazu wurden Gummipolster auf das Raupenlaufwerk aufgeschraubt, das gibt es allerdings vorerst nur in Deutschland. Die Basismaschine Timber Pro ist aus den USA und wurde in Shawano/Wisconsin von Pat Crawford, dem Pionier dieser Art Maschinen, gebaut. Seit mehr als dreißig Jahren hat Pat Crawford Erfahrungen im Bau von Forstmaschinen gesammelt, er baute jahrzehntelang Forwarder und Harvester mit endlos drehbaren Oberwagen und Raupenlaufwerken – allerdings hießen die Maschinen nicht Timber Pro, sondern Timbco. Der Timber Pro TL 735-B ist jetzt die erste Raupenmaschine von Timber Pro, denn seit letztem Jahr darf Pat Crawford wieder Raupenmaschinen bauen. Es gab ein Abkommen, daß er nach dem Verkauf seiner alten Firma (Timbco) sieben Jahre lang keine Raupenmaschinen bauen durfte. Die sieben Jahre waren nun um, und das Ergebnis konnte ich vor zwei Jahren auf einer Almwiese im Allgäu beobachten. An einem ziemlich steilen Hang müssen Fichten eingeschlagen, dann ungefähr hundert Meter hochgeseilt und am Weg aufgearbeitet werden. Der Timber Pro steht so weit wie möglich an der Hangkante. An seinem Hubarm ist eine Seilwinde angebracht, davor der Auslauf mit der Seilrolle. Die Seilauspulung erfolgt mit einer Ausspulhilfe. Das erleichtert die Handhabung des Seils im Hang gewaltig. Es handelt sich bei der Eintrommelwinde um eine John Deere Winde mit 13 Tonnen

Zugkraft, die mit einem 140 Meter langen 14er Seil bestückt ist. Der eine Mann im Hang fällt, der zweite Mann geht mit dem Seil bergab, hängt an und geht auch wieder mit den hochgeseilten Stämmen zur Maschine, hängt die Stämme ab und macht sich mit dem Seil wieder auf den Weg in den Hang, um die nächsten Stämme anzuschlagen und aus dem Hang zu seilen. Der Harvesterfahrer packt sich derweil die Stämme und schiebt sie möglichst weit an den Weg, oftmals entastet er sie schon bei diesem Vorgang. Je nach Geländeverhältnis und Straßennähe arbeitet er die Stämme auch gleich auf, wie es gerade paßt und wie die Umstände es erlauben. Dieses Verfahren ist geeignet, um kurze Hänge zu bearbeiten, in die man mit einer Maschine nicht gerne hineinfahren möchte oder kann. Beim Seilwindeneinsatz kann sich die Maschine über einen eigens angebauten Stützfuß abstützen. Dieser Stützfuß ist hydraulisch einklappbar. Zur Benutzung des Stützfußes wird dieser ausgeklappt, das Aggregat dann um 180 Grad gedreht und am Stützfuß festgeklammert. Das ist eine super Sache, so hält man sich mit der Maschine sicher und fest am Abhang und kann auch die Kraft der Winde voll ausnutzen. „Hinten" an der Maschine gibt es noch eine Hilfswinde im Rahmen, das ist eine zwölf Tonnen Winde mit einem 13 Millimeter starken Seil. 50 Meter gehen auf die Trommel. „Vorne" ist ein Abstützschild vorhanden, um die Maschine im Hang noch einmal abzusichern und zu stabilisieren. Auch dieses Schild ist eine Sonderausstattung und schon in Amerika angebaut worden, ebenso wie die Hilfs-

Die Motorhaube kann als Arbeitsbühne für Service- und Reparaturarbeiten genutzt werden.

Der Arbeitsplatz in der Kabine sieht jetzt europäischer aus!

winde. Die Winde wird übrigens über die Joysticks am Sitz gesteuert. Neu bei diesem Raupenlaufwerk sind die Gummiplatten. Diese Platten erlauben nicht nur im Gelände ein schonendes Fahren; auch auf Waldwegen und Teerstraßen kann jetzt mit den Raupenbändern problemlos gefahren werden. Die Gummiplatten können im Winter übrigens gegen Platten mit „Krallen" ausgetauscht werden, die dann der Maschine bei Eis und Schnee mehr Grip und damit mehr Sicherheit verleihen. Die Laufwerke sind in verschiedenen Breiten zu bekommen und mit unterschiedlichen Stahl-Plattenvariationen. So gibt es zum Beispiel Ein-, Zwei- und Dreistegplatten. In Breiten von 600 bis 900 Millimeter sind die Laufwerke erhältlich. In dem vorgestellten Arbeitsbild hat die Maschine eine Laufwerksbreite von 700 Millimetern und ist mit Einstegplatten ausgerüstet.

Nicht nur das Raupenfahrwerk ist neu bei diesem Timber Pro, auch die Nivellierung des Oberwagens ist modifiziert worden. Es handelt sich hier um eine Vier-Wege-Nivellierung, die drei Anlenkpunkte hat. Eine sehr stabile Sache, sehr robust – und einfach. Die Maschine ist nach vorne, nach hinten, nach rechts und nach links nivellierbar. Nach vorne geht es 28 Grad, nach hinten 7 Grad und zu den Seiten jeweils 24 Grad. So kann man starke Hangneigungen schon mal sehr gut ausgleichen. Auch die Kabine, die Steuerung und das neue Dasa 4 machen sich an dieser Maschine sehr gut. Angetrieben wird der Timber Pro von einem Cummins-Motor mit einer Leistung von 300 PS und einem Hubraum von 8,3 Litern. Das reicht, sagt der Staatsanwalt. Der Kran bei diesem Typ ist als Feller-Buncher-Kran ausgelegt und hat eine Reichweite von 6,86 Metern. Es gibt aber auch einen Teleskop-Kran für die Maschine. Dann langt der Kran 9,6 Meter weit. Dieser Feller-Buncher-Kran hebt bei voller Auslage übrigens noch knapp 4.000 Kilogramm. Bei 6,1 Meter sind es schon 6.033 Kilogramm. Das ist aber auch nötig, denn das Aggregat wiegt alleine schon 2.200 Kilogramm, so wie es hier vorgestellt wird. Das allerdings dann mit Rotator und Schläuchen. Motor, Kran, Kabine und fast alle lebenswichtigen Komponenten sitzen gut geschützt auf dem drehbaren Oberwagen. Diese Anordnung hat bei gewissen Einsätzen gewaltige Vorteile gegenüber starren Kabinenanordnungen. Die Motorhaube ist zu Wartungszwecken nicht nur großzügig abklappbar, sondern auch so stabil ausgeführt, daß sie als begehbare Wartungsbühne dienen kann. Insgesamt macht der Timber Pro einen robusten, aber nicht mehr so „amerikanischen" Eindruck wie früher. Es hat sich gewaltig was getan, man spürt den Einfluß der europäischen Käufer und Maschinenfahrer; also konkret gesagt, flossen hier auch Ideen aus der Praxis mit ein. Das macht sich ganz besonders in und an der Kabine bemerkbar. Und dann dieses neue Aggregat! An diesen Timber Pro paßt das Aggregat wie die sprichwörtliche Faust auf's Auge ... Das Aggregat zeigt nicht nur bei der Entastung und bei der Aufarbeitung eine gute Leistung, auch beim Durchlaufenlassen eines sehr schweren Stammes hangauf macht es sich sehr gut. Der maximale Öffnungsdurchmesser des Aggregates beträgt 800 Millimeter und die Vorschubkraft 49,6 kN. Die Vorschubgeschwindigkeit erreicht 6 Meter pro Sekunde. Der Fälldurchmesser des Aggregats liegt bei gewaltigen 900 Millimetern.

Der Timber Pro Harvester hat sich so positioniert, daß zwischen seinem Standort und dem geplanten Aufarbeitungsplatz oben am Weg genau eine Baumlänge paßt. Nach dem Hochseilen des Stammes schiebt er ihn weiter hoch zum Aufarbeitungsplatz am Weg; manchmal läßt er ihn dabei auch gleich durchs Aggregat laufen und entastet ihn dabei. Und bei diesem Einsatz kann das neue SP-Aggregat zeigen, was in ihm steckt. Denn einen starken Stamm, der im oberen Bereich sehr stark beastet ist, bergauf zu entasten, erfordert Kraft. Und diese Kraft ist beim neuen leistungsstarken Aggregat von SP vorhanden. Das SP 761 LF ist ebenfalls völlig neu in Deutschland und für schwerste Stämme eingerichtet. Der Kopf macht in diesem Arbeitsbild einen sehr guten Eindruck. Man spürt förmlich die Kraft, die hier gepaart ist mit Schnelligkeit – und einer sehr sauberen Entastung bis herunter zu unglaublichen drei (3!) Zentimetern! Dieses neue Aggregat von SP sollte aber an eine dementsprechende Trägermaschine wie den Timber Pro angebaut werden, oder aber auch an große Bagger.

Der Schweizer Herzog am Seil

Heute sind Forstmaschinen, die im Hang durch eine Traktionswinde gesichert werden, keine Seltenheit mehr. Ob Forwarder oder Harvester, fast jeder Hersteller oder Händler hat Traktionswinden für fast jedes Forstmaschinenmodell im Angebot. Das war vor einigen Jahren aber noch nicht so. Die Traktionswinde mußte erst einmal erfunden werden. Und wer hats's erfunden? Nun, das kennen wir aus der Werbung: Ein Schweizer ... Genaugenommen war das im Jahr 2005. Schweizer sind überaus praktische, dabei aber auch sparsame Menschen. Klaus Herzog, Chef der Herzog Forsttechnik AG aus Zumholz, gehört ebenfalls zu dieser Kategorie. Sein Steilhangforwarder Forcar FC 200 mußte von der Messe Elmia Wood in Schweden zurück in die Schweiz transportiert werden. Das nutzte er, um unterwegs Vorführungen zu fahren. So auch im Harzer Forstamt Seesen. Der Hangforwarder Forcar FC 200 erschließt neue Wege bei der Holzbringung im Steilhang. Durch eine synchron mit den Antriebsrädern laufende Seilwinde, die den Forwarder im Hang sichert und immer stramm am Seil hält, kann der beladene Forwarder Hänge bis zu 45 Prozent Neigung und mehr heraufgezogen werden. Die Seilwinde erbringt dabei über 50 Prozent der Zugkraft, so daß kaum Bodenschäden entstehen und Stöcke sowie Gräben und Rinnen problemlos überfahren werden können. Die Maschine läßt sich durch das Seil zentimetergenau positionieren, was gerade bei der Kranarbeit im Hang sehr wichtig ist. Klaus Herzog hat mit dieser seilunterstützten Maschine ein pflegliches, sicheres und bodenschonendes System für die Arbeit im Hang entwickelt. Klaus Herzog sagt selbst, daß sein FC 200 die neue Dimension in der Steilhangbringung ist. Den Forcar FC 200, der übrigens komplett bei Herzog in der Schweiz gefertigt wird, gibt es in zwei Ausführungen: Einmal die Achtrad-Ausführung, dann die Sechsrad-Ausführung. Im Forstamt Seesen wurde die Sechsrad-Ausführung gezeigt. Die Maschine hat einen Cummins Sechszylinder Reihenmotor mit Turboaufladung und Ladeluftkühlung. Der Hubraum beträgt 5,9 Liter und die Leistung 190 PS. Das maximale Drehmoment liegt bei 785 Nm. Eingestuft ist der Motor nach der Euro 3 Norm (Tier 2). Die vorgestellte Maschine war mit einem Loglift F 91 Kran ausgerüstet, der einen Krantilt mit 23 Grad Neigewinkel besitzt. Für die Arbeit im Hang ist aber nicht nur der Kran mit einer Tiltvorrichtung ausgerüstet, sondern auch der Fahrersitz, dessen Tiltwinkel ebenfalls 23 Grad beträgt. Ein weiterer Sicherheitsaspekt ist die Rückfahrkamera, damit der Fahrer hinter der Ladung das Gelände und, ganz wichtig, auch das Seil beobachten kann. Der Clou an dieser Maschine ist die Seilwinde. Die Winde läuft mit den Rädern der Forstmaschine synchron, egal, welche Geschwindigkeit der Fahrer im Hang wählt, es herrscht stets ein gleichmäßiger Zug. So erbringt die synchron laufende Winde über 50 Prozent der erforderlichen Triebkraft. Das bedeutet in der Praxis, daß bei einer durchschnittlichen Hangneigung von 45 Prozent der vollgeladene Rückezug rückwärts bergauf fährt und es keine beziehungsweise kaum Bodenverwundungen gibt. Stöcke, Steine, Absätze, Bodenwellen und so weiter werden sicher und sauber überfahren. Das Seil ist immer stramm, der Fahrer kann sich auf das Lenken der Maschine konzentrieren und muß nicht permanent Angst haben, daß ihm die Maschine in einer Bodenwelle oder beim Überfahren von Stöcken oder Wurzelanläufen abschmiert. Von den anwesenden Besuchern wurde Klaus Herzog natürlich immer wieder gefragt, wie dieses System funktioniert, warum die Winde mit den Rädern so perfekt synchron läuft. Das wollte er allerdings nicht verraten, denn in dieser Erfindung steckt eine jahrelange Forschungsarbeit, die er nun nicht gleich jedem auf die Nase binden möchte. Klaus Herzog fuhr die Maschine selbst und verblüffte die Zuschauer immer wieder durch das ruhige Fahrverhalten des Forcar FC 200. Auch beim Überfahren radhoher Hindernisse läßt sich die Maschine zentimetergenau positionieren. Der Fahrer wählt lediglich die Vorwärts- oder Rückwärtsfahrt und alle Windenfunktionen werden durch die Maschine automatisch angesteuert. Da ist natürlich klar, daß durch diese Technik der Fahrer vom Streß im Hang gewaltig entlastet wird. Für ganz schweres Gelände und für Querneigungen im Hang kann der Rungenkorb ebenfalls noch einmal getiltet werden. So begegnet man einmal der drohenden Kippgefahr, aber auch Beschädigungen am bestehenden Bestand werden vermieden.

Sieben Jahre gehört die Hangwinde schon fast zum Standard und kann in einer angebotenen Version an fast alle bekannten Forstmaschinen angebaut werden. Der Forstunternehmer Hartmut Keller aus Höchenschwand hat sich 2012 eine Herzog Alpine Traktionswinde an seinen EcoLog 590 D angebaut. Die Winde wird hydraulisch angetrieben, wobei Keller den Windenantrieb auf die Kranpumpe gelegt hat, den Tilt der Winde auf die Aggregatpumpe. Die Winde besitzt eine Ausspulhilfe und eine Aufwickelautomatik, damit das Seil immer korrekt sitzt. Die Zugkraft kann variabel eingestellt werden von 200 Kilogramm bis zirka dreizehn Tonnen. Die Zugkraft ist steuer- und regelbar, im Hang hält Keller immer 1,5 bis zwei Tonnen Zugkraft vor, damit das Seil straff bleibt. Zwei Gänge besitzt die Winde, wobei der erste Gang für die Kraft zuständig ist, der zweite Gang ist mehr ein Geschwindigkeitsgang. Die Winde kann bis zirka 5,5 km/h spulen. Als Seil ist ein 280 Meter langes, 15 mm dickes Seil aufgezogen. Keller braucht aber etwas mehr „Fleisch", darum bemüht er sich gerade um ein neues Seil. Die Winde hat er sich am Heck seines Harvesters tiltbar angebaut (siehe Fotos oben), dazu wurde die Kühlerabdeckung entfernt, der Rahmen verstärkt; durch diese Maßnahme ist die Winde 50 bis 60 Zentimeter dichter an der Maschine dran als sonst. Ohne Seil wiegt die Winde übrigens zwei Tonnen. Zwei Kameras sind an der Winde befestigt, einmal eine Rückfahrkamera oben an der Winde, damit der Weg hinter der Maschine eingesehen werden kann. Dann aber auch eine Innenkamera, die das Seil und den Aufspulvorgang überwacht. Zwei Scheinwerfer sind hinten an der Winde befestigt und leuchten das Arbeitsfeld mit aus. Bislang ist Keller mit der Winde sehr zufrieden. Er sagt, daß sie sehr gut aufzubauen war, da der Hersteller Herzog die Winde ohne großen Firlefanz hergestellt hat.

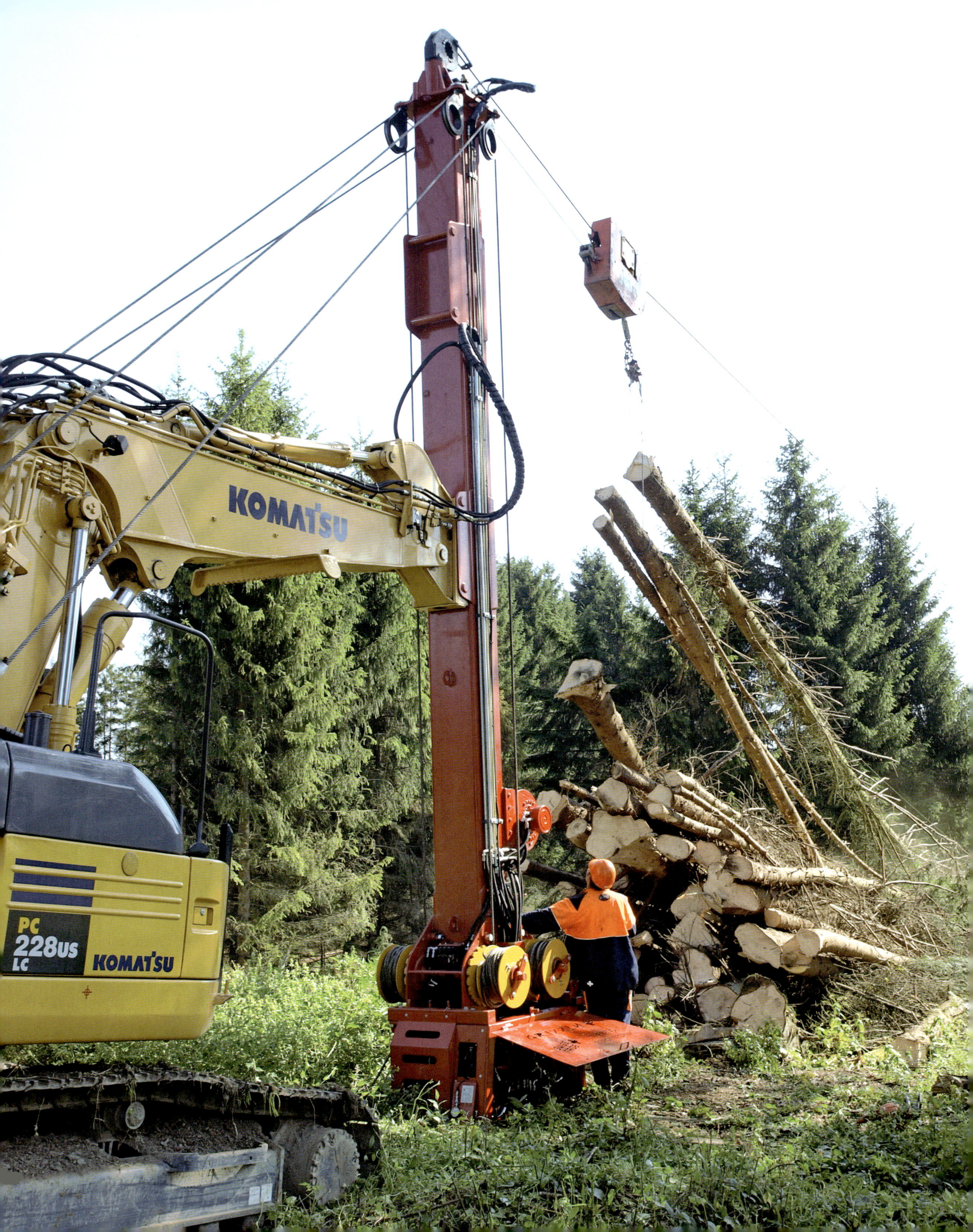
KOMATSU
PC
228US
LC
KOMATSU

Das ist sanfte Forstwirtschaft

In Mündersbach in Rheinland-Pfalz, und dort genau im Westerwald in der Nähe von Koblenz, ist seit 2009 ein neues Seilsystem im Einsatz. Dieses Seilsystem wurde eigentlich für unsere Mittelgebirgslagen entwickelt, wird allerdings hier im Flachland zur Zeit mit großem Erfolg eingesetzt, denn hier ist es sehr sumpfig und naß, so daß Rad- oder Raupenmaschinen keine Chance hätten. Frei nach dem Motto „wenn du denkst, es geht nicht mehr, kommt von irgendwo ein Tragseil her", hat der Forstunternehmer Marco Susenburger aus Kisselbach im Hunsrück hier in der Ebene ein Seilsystem aufgebaut, das von Herzog Forsttechnik aus Zumholz in der Schweiz entwickelt wurde. Das Herzog Grizzly 400-Yardersystem verbindet die europäische Seilkrantechnik optimal mit dem aus Amerika stammenden Yarder. Diese neue Herzog-Innovation eröffnet weitere Wege in der Bringungstechnik mit dem Seil. Der große Vorteil dabei ist die schnelle Montagezeit einer Seillinie. Bagger hinstellen, Tragseil zum Endmast oder Endbaum hinziehen – fertig. Geübte Leute brauchen dafür nur ein paar Minuten. Der Mast mit den Seiltrommeln wird per Schnellwechsler an einen Baggerarm montiert. Die Ölleitungen zum Bagger sind in Form von Schnellkupplungen ausgeführt; die dickste Leitung wird aber verschraubt. Der Mast hat unten eine Spitze, die sich in den Boden drückt; sind Teerstraßen als Untergrund vorhanden, kann eine Gummiplatte mit vier Schrauben befestigt werden. Der Mast ist mit vier Seilen am hinteren Teil des Baggers abgespannt. Ist die Bergstraße zu eng, so daß der Mast nicht in Front des Baggers aufgestellt werden kann, sondern im 90-Grad-Winkel, kann der Mast konventionell an Bäumen oder eingeschlagenen Ankern abgespannt werden. Bei sehr engen Straßen kann der Hauptarm noch einmal hydraulisch mittels Verstellausleger näher zum Bagger gebracht werden. Auch die Befestigung mittels Schnellverschluß am Seilkran kann dann 1,5 Meter höher gewählt werden; das bringt den Mast insgesamt noch einmal etwas näher an den Bagger. Beim eingesetzten Bagger handelt es sich um einen Komatsu PC 228, ein Kurzheckbagger, der für die Arbeit auf schmalen Gebirgsstraßen sehr geeignet ist. Der Bagger ist in der 25 Tonnen Klasse angesiedelt. 23,5 Tonnen beträgt das Eigengewicht des Baggers, mit Turm wiegt er dann 28,99 Tonnen. Das bedeutet, daß der Turm mit den Winden 5,49 Tonnen wiegt. Der Komatsu Bagger ist für den Einsatz mit einem Holzgreifer vorbereitet, aber auch ein Harvesteraggregat kann mit der Schnellwechseleinrichtung angebaut werden. Alle nötigen Elektrokabel sind schon vorhanden. Ebenso die Anschlüsse in der Maschine und auch Joysticks in der Kabine. An das Gerät passen eigentlich alle Aggregate, die auf dem Markt vorhanden sind. Als Laufwagen ist ein Wyssen im Einsatz, der gewählt wurde, weil er klein und kompakt ist, aber trotzdem funkgesteuert betrieben werden kann. Schlappe 380 Kilogramm wiegt der Wyssen, so bleibt Platz für Holzgewichte. Insgesamt bis zu drei Tonnen Last kann mit dem Wyssen-Laufwagen geseilt werden. Hier auf dieser Ebene wurde zusätzlich ein Rückholseil montiert, weil für diesen Einsatz die Hangneigung fehlt. Dazu wurde eine weitere Trommel vorne am Mast verschraubt. Insgesamt 800 Meter Seil gehen auf diese Trommel. Diese Winde soll noch einmal umgebaut werden, und zwar in abnehmbarer Form, zum schnellen Wechseln. Denn im Hang, also bei der Bergaufseilung, wird kein Rückholseil benötigt, da nutzt man die Schwerkraft. Dieses Seilsystem wurde also für die speziellen Verhältnisse in den Mittelgebirgen entwickelt. Kurze Hänge sind nun mal für eine große Seilanlage nicht so wirtschaftlich zu bearbeiten. Der Aufbau einer Seilanlage nimmt doch sehr viel Zeit in An-

Für diesen Einsatz reicht es völlig aus, daß der Mast nur am Heck des Baggers abgespannt ist.

Der Laufwagen von Wyssen wiegt nur 380 Kilogramm und ist an einem 18er Seil aufgehängt.

Oben: Die Hauptleitung ist abschraubbar, alle anderen Öl-leitungen sind mit Schnellverschlüssen versehen. Öl- und Stromleitungen für ein Harvesteraggregat sind schon vorhanden.

Oben rechts: Der Hubarm des Baggers ist zweigeteilt, so kann der Arm steiler gestellt werden, damit der Mast näher an die Maschine kommt. Der Mast ist mit vier Seilen am Baggerheck abgespannt.

Links: Als Ankerbaum für das Tragseil reicht in der Regel so ein Baum. Notfalls kann der Baum an weiteren Bäumen abgespannt werden. Im Hintergrund ist das Rückholseil zu sehen.

Rechts: Die Rückholwinde an der Frontseite des Mastes wird noch umgebaut.

spruch; das schlägt sich dann alles im Preis nieder. Diese neue Anlage ist übrigens nicht als billige Konkurrenz zum großen Profi-Seilkran gedacht, sondern als sinnvolle Ergänzung. Die Anlage spielt ihre Vorteile bei folgenden Verhältnissen aus:
• keine befestigten Wege vorhanden
• enge Wegeverhältnisse
• keine Abspannbäume vorhanden
• wenig Holzmasse je Seillinie

Der Mast kann übrigens überall dort aufgestellt werden, wo der Baggerarm hinreicht. Der Bagger kann den Mast auch in die Linie hangauf beziehungsweise hangab stellen. Das ist übrigens ein weiterer großer Vorteil des neuen Systems: Wird der Mast auf einer engen Bergstraße oberhalb der Straße im Hang plaziert, kann man den Platz auf der Straße für die Aufarbeitung, die Lagerung und den Abtransport des Holzes nutzen. Mit dem Einsatz des Herzog Grizzly hat man als Forstunternehmer doch einige handfeste Vorteile; es eröffnen sich ungeahnte Möglichkeiten, wie uns Marco Susenburger erklärt. Und noch ein geldwerter Vorteil dieses Systems: Beim nächsten Einsatz ist zum Beispiel der Weg auf vielleicht einer Länge von nur 50 Meter zu schmal. Dann nimmt der Unternehmer seinen Baggerlöffel und schaufelt sich den Weg einfach frei. Hier ist keine Baufirma mit Spezialfahrzeugen mehr nötig. Der Bagger und der Turm sind mit Bioöl befüllt, und zwar mit Panolin. 300 Liter sind an Bord, 250 bis 300 Liter in der Minute werden umgewälzt. Der Druck der Anlage beträgt zirka 350 Bar. Die Anlage wird mit leistungsgeregelten Pumpen gefahren, 120 bis 140 PS sollten als Grundleistung beim Bagger vorhanden sein. Die Masthöhe der Anlage beträgt 9,5 Meter, gebaut ist der Mast aus einem 40 mal 40 Rechteck-Rohr. Die Spannwinden haben eine Seilkapazität von 50 Metern und sind mit einem 20er Seil bestückt. Das Tragseil hier ist ein 18er Seil, zur Zeit sind 350 Meter auf der Trommel, 400 Meter gehen dort allerdings rauf. Der Bagger sollte zur Abstützung ein Schild haben, eine Kurzheckausführung ist beim Einsatz auf schmalen Bergstraßen von großem Vorteil. Ein Dienstgewicht von fast 25 Tonnen ist ebenfalls von Vorteil. Die Zugseilwinde hat eine Kapazität von zur Zeit 450 Meter, insgesamt gehen 500 Meter auf die Trommel. Die Kettenbreite des Baggers beträgt 600 Millimeter, Marco Susenburger kann für Einsätze auf empfindlichen Wegen und Teerstraßen Gummiplatten aufschrauben,

*Links und oben links:
Auf den Fotos ist die unterschiedliche Platzierung des Mastes auf der Bergstraße deutlich zu erkennen.*

*Rechts und oben rechts:
In diesem Sumpf haben Rad- oder auch Kettenfahrzeuge keine Chance. Da paßt der neue Seilkran bestens hin. In ein paar Tagen hat sich das Gras wieder aufgerichtet; die Spuren des Seileinsatzes sind dann nicht mehr zu sehen. Sanfte Forstwirtschaft ...*

so daß man diese Wege und Straßen benutzen kann, ohne sie zu zerstören. Daß der Bagger und der Seilkran nicht nur für die vorgesehenen Einsätze in den Mittelgebirgen wirtschaftlich zu gebrauchen sind, zeigt dieser Einsatz auf einer sehr nassen Fläche. In der Gemeinde Mündersbach werden sieben Hektar Fichtenwald abgetrieben, das sumpfige Gelände soll in seinen „Ursprungszustand" zurückgeführt werden. Rad- oder Kettenfahrzeugeinsatz ist auf 40 Prozent der Fläche nicht möglich. Hier kommt der Seilkran dann zum Einsatz. Die Ganzbäume werden per Seil aus dem Gelände gebracht. Dabei muß die Rückholwinde eingesetzt werden, weil man hier keine Schwerkraft zur Rückholung des Laufwagens hat. Der Motorsägenführer fällt die Fichten, die doch zum Teil sehr grobastig und bis zur Wurzel „beigelt" sind. Zwei Mitarbeiter wechseln sich bei der Bedienung des Seilkrans ab. Mal hängt der eine die Stämme an, dann ist der andere wieder einen halben Tag lang dran. Die Anlage wird komplett vom Mann am Mast bedient. Die Maschine kann auch wechselseitig von beiden Männern gesteuert werden, aber bei der kurzen Strecke hier lohnt das nicht. Nachdem sich die Natur auf dieser Fläche dann wieder durchgesetzt hat, soll sie langfristig den Zustand „wie um 1700 herum" erreichen.

Das Unternehmen Susenburger aus Kisselbach gibt es seit knapp 70 Jahren. Marco ist in der dritten Generation als Forstunternehmer tätig, wobei sein Großvater zu Beginn des Unternehmens nur den Holztransport durchführte. Zwei Ponsse-Harvester, ein Logset Rückezug 5F und sieben Kurzholz-Lkw sind im Unternehmen im Einsatz. Jetzt kommt neu der Seilkran hinzu und eröffnet eine breitere Möglichkeit bei der Angebotsabgabe. 16 feste Mitarbeiter stehen in Lohn und Brot, dazu kommen noch zirka vier feste Subunternehmer, die für das Kisselbacher Unternehmen tätig sind. Die Subunternehmer werden übrigens nicht „geheuert" und „gefeuert", sondern die Geschäftsbeziehungen bestehen schon lange Jahre zu beiderseitigem Vorteil. Schwerpunkte der Tätigkeiten des Unternehmens liegen in Rheinland-Pfalz und Hessen. Aber auch im Saarland und Nordrhein-Westfalen ist Susenburger öfters anzutreffen. Auftraggeber sind Staatsforsten, Kommunalforsten und private Waldbesitzer. Selbstwerbung wird im großen Stil betrieben und beträgt zirka 90 Prozent des gesamten Volumens. Auch zu vielen Auftraggebern bestehen langjährige Geschäftsbeziehungen, deren solide Grundlage beiderseitiges Vertrauen ist, das man über lange Jahre hinweg erworben hat.

TECHNIK IM GRÜNEN BEREICH...

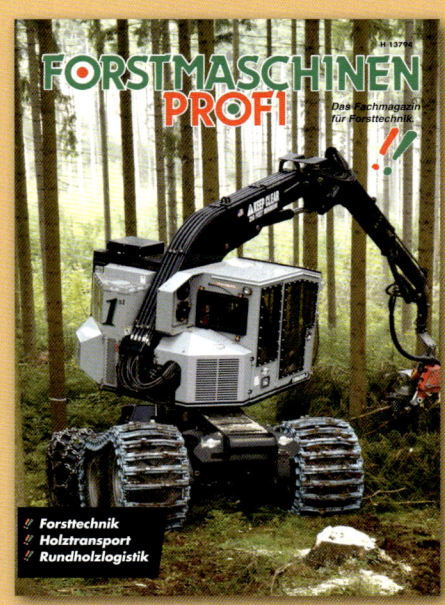

Forstmaschinen-Profi ist das monatlich erscheinende Fachmagazin für Forstprofis. Wir berichten über Harvester, Forwarder, Skidder, Holztransport-Lkw, Rundholzlogistik, also über professionelle Forsttechnik. Forstmaschinen-Profi verfügt über den größten Kleinanzeigenmarkt der Branche.

energie aus pflanzen ist das Fachmagazin für nachwachsende Rohstoffe und erneuerbare Energien und erscheint alle zwei Monate. In ‚energie aus pflanzen' befassen wir uns mit Biogas, Holzenergie, Kurzumtriebsplantagen, Biokraftstoffen und der dabei eingesetzten Technik.

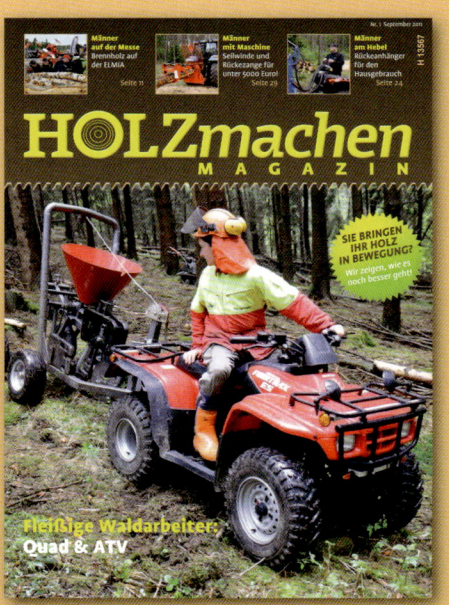

HOLZmachen erscheint alle drei Monate und ist das Magazin für Holzmacher, Privatwaldbesitzer und Selbstwerber. Darin findet der Leser alles über Motorsägen, Spalter und Hacker, Quad und ATV sowie die komplette Kleintechnik für den Privatwald.

Fordern Sie ein kostenloses Probeexemplar an.

FORSTFACHVERLAG
www.forstfachverlag.d

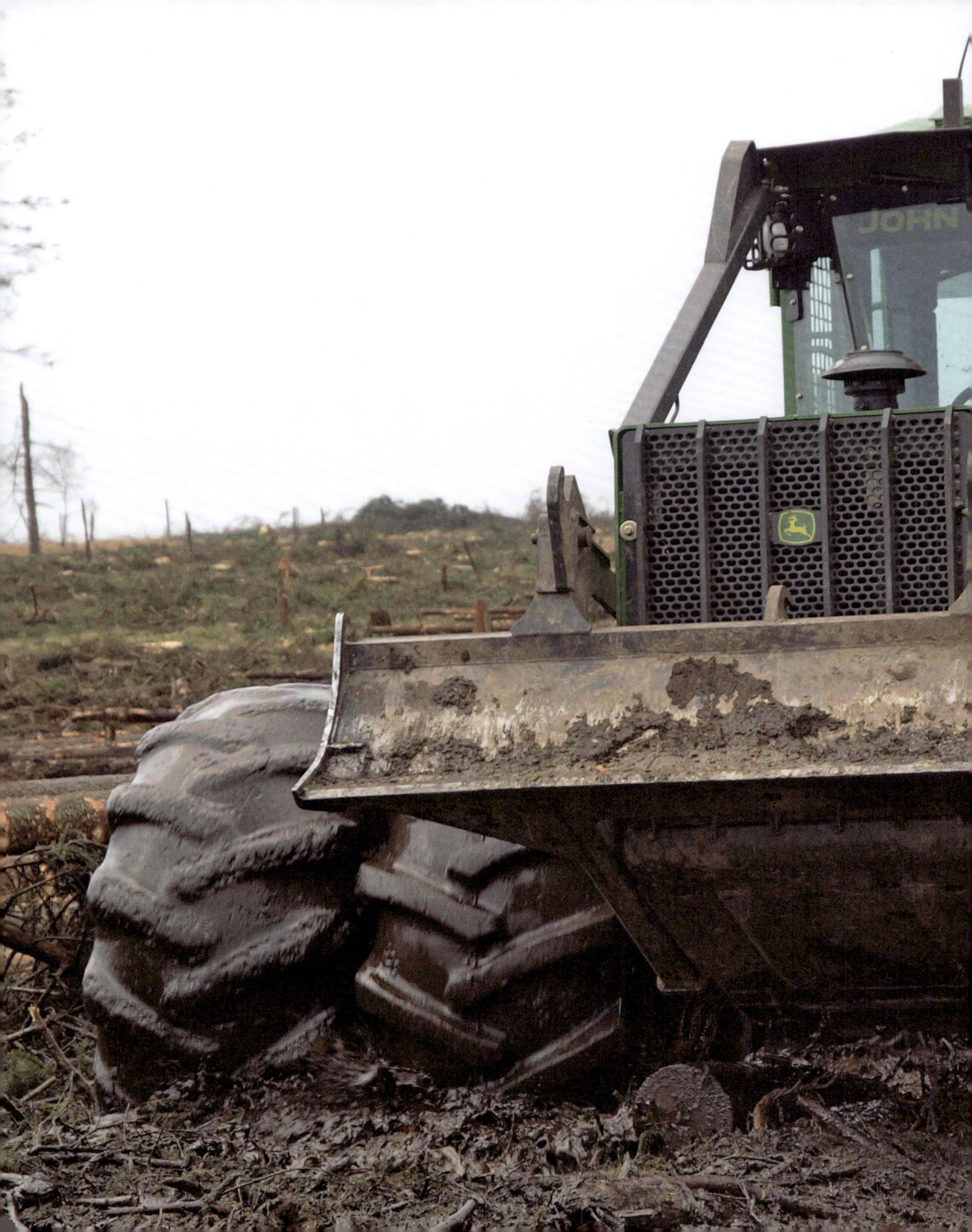
JOHN